改訂版

日本統計学会公式認定

統計検定3級対応

データの分析

日本統計学会 編

東京図書

改訂版

日本統計学会公式認定

統計検定3級対応

データの分析

日本統計学会 編

改訂にあたって

　本書は，統計的な思考能力がますます重要となる時代的な背景を踏まえて，日本統計学会が実施する「統計検定」のうち統計検定3級の内容に水準を合わせて執筆したものです。

　平成20年および平成21年に改訂された小，中，高等学校の学習指導要領では，統計的な内容が大きく取り入れられました。さらに，平成29年および平成30年の改訂において，中学校の数学では領域名を「資料の活用」から「データの活用」とし，四分位数や箱ひげ図などが含まれました。高等学校の必履修科目「数学I」では，簡単な検定の考え方が含まれました。

　統計検定3級の問題は，高等学校の数学Iおよび数学Bまでに学習する内容を確実に修得して，それらを身近な実際の問題解決に生かすことができる「統計的問題解決能力」を身につけることを目標に出題されています。

改訂の趣旨　日本統計学会が2011年に開始した「統計検定」は，社会的な背景のもと，年々，受験者が増えています。特に統計検定3級は，2016年よりCBT（Computer Based Testing）方式による受験が可能となり，都合のよい時間と場所で受験ができ，多くの受験者が利用されました。

　このようなことから，初版が発行されて第14刷までになり皆さまにご利用いただきましたが，新学習指導要領の改訂に伴う統計検定3級の出題範囲変更に対応するため改訂版の刊行となりました。改訂にあたり，初版の各章の構成と内容の見直しおよび加筆，新範囲に関する新たな章を追加しました。

統計検定の概要 （2020年2月現在）　統計検定は以下の種別で構成されています。詳細は統計検定センターのウェブサイトで確認できます。

1級	実社会の様々な分野でのデータ解析を遂行する統計専門力
準1級	統計学の活用力 ― データサイエンスの基礎
2級	大学基礎統計学の知識と問題解決力
3級	データの分析において重要な概念を身に付け，身近な問題に活かす力
4級	データや表・グラフ，確率に関する基本的な知識と具体的な文脈の中での活用力
統計調査士	統計に関する基本的知識と利活用
専門統計調査士	調査全般に関わる高度な専門的知識と利活用手法

執筆者について　本書は，統計検定の出版委員会を中心にして日本統計学会が編集したものです。執筆者全員で初版の内容を吟味し，新たな章立てにしました。田栗（1章，8章，A.数学の補足），美添（2章，3章），矢島（4章，6章），中西（5章，7章，9章）が主として執筆を，保科がすべての章の表および図の整形と全体のレイアウトを担当しました。全員で繰り返し点検作業を行い，最終的には学会の責任で編集しました。本書に対するご意見を頂ければ幸いです。

一般社団法人　日本統計学会

会　長　川崎　茂

理事長　山下智志

一般財団法人　統計質保証推進協会

出版委員長　矢島美寛

まえがき（初版）

　本書は，統計的な思考能力がますます重要となる時代的な背景を踏まえて，日本統計学会が実施する「統計検定」のうち検定 3 級の内容に水準を合わせて執筆したものです。

　平成 20 年および平成 21 年に改訂された小，中，高等学校の学習指導要領では，統計的な内容が大きく取り入れられました。中学校の数学では量的な変数の分布や標本調査を取り入れた「資料の活用」という領域が新設され，高等学校の必履修科目「数学 I」では，四分位範囲や相関を学習します。統計検定 3 級の問題は，高等学校の数学 I までに学習する内容を確実に修得して，それらを身近な実際の問題解決に生かすことができる「統計的問題解決力」を身につけることを目標に出題されています。

統計的思考の重要性　現代は，客観的な事実にもとづいて決定し，行動する姿勢が求められる時代です。

　医療，年金，電力需要など，私たちの社会のさまざまな問題に関しては，信頼できるデータを収集，分析してはじめて合理的な解決方法を考えることができます。またインターネット検索で知られる Google の チーフエコノミストであり，高名な経済学者でもある Hal Varian は「統計家は今後の最も魅力的な職業 (the sexy job) だ 」と表現して，統計学の知識をもつ社員を重点的に採用するといっています。このように，情報社会において統計学は真に役立つ知識であり，若いうちに身につけておくべき学問であると，多くの企業のリーダーが考えています。

統計検定の趣旨　日本統計学会が 2011 年に開始した「統計検定」の目的の一つは，統計に関する知識や理解を評価し認定することを通じて，統計的な思考方法を学ぶ機会を提供することにあります。

統計学の教育では，与えられたデータを適切に分析し，その結果をわかりやすく伝えるという訓練が必要であり，統計検定は高校や大学における教育を補完する意味をもちます。また海外，特にアメリカでは統計家 (statistician) は社会的に高い評価を受け，所得も高いことが指摘されてきましたが，統計検定で認定される資格を通して，この面でも国際的な標準に近づくことが期待されます。

統計検定の概要 （2012年7月現在） 統計検定は以下の種別で構成されています。詳細は日本統計学会および統計検定センターのウェブサイトで確認できます。

国際資格	英国王立統計学会との共同認定
統計調査士	統計調査実務に関連する基本的知識
専門統計調査士	統計調査全般に関わる高度な専門的知識
1級	実社会の様々な分野でデータ解析を遂行する能力
2級	大学基礎科目としての統計学の知識と問題解決能力
3級	データ分析の手法を身につけ，身近な問題に活かす力
4級	データ分析の基本と具体的な文脈での活用力

執筆者について 本書は，統計検定の出題委員会を中心にして日本統計学会が編集したものです。第1次草稿を検定3級問題策定委員会の藤井，竹内が執筆し，後藤が図表などを整形した後，統計検定運営委員会による点検作業を経て，学会の責任で編集しました。本書に対するご意見を頂ければ幸いです。

一般社団法人　日本統計学会

会　長　竹村彰通

理事長　岩崎　学

統計検定運営委員長　美添泰人

本書等で用いる記号について

　統計的手法はさまざまな分野で応用されていることもあって，用いられる記号も，必ずしも統一されているとは限らない。本書ではある程度記号の統一を図っているが，実際に利用されている記号を紹介することが教育効果が高いと判断した。記号によっては大文字と小文字，イタリック体か立体（ローマン体）か，かっこの種類などに違いがあっても同じ意味に使われる場合がある。

代表的な記号	意　味
主に1章〜5章	
M	中央値，中位数，メジアン，メディアン
$Q_1,\ Q_2,\ Q_3$	順に第1四分位数，第2四分位数，第3四分位数（四分位点，四分位）
IQR	四分位範囲 $(Q_3 - Q_1)$
r	相関係数
r_{xy}	x と y の相関係数，他に $r(x,y)$ など
R^2	決定係数
s^2	分散 （統計検定2級以上の級で用いる $n-1$ で割る定義もある）
s	標準偏差（分散の正の平方根）
$s_x^2,\ s_{xx}$	観測値 $x_1, \cdots, x_n$ の分散 $\sum (x_i - \bar{x})^2 / n$
s_{xy}	x と y の共分散 $\sum (x_i - \bar{x})(y_i - \bar{y})/n$
$\bar{x}$	観測値 $x_1, x_2, \cdots, x_n$ の平均値（平均），算術平均，「エックスバー」
z	z 値，z スコア，観測値を標準化（基準化）した値
$\alpha,\ \beta$	回帰直線の回帰係数
$\hat{\alpha},\ \hat{\beta}$	回帰係数の推定値

代表的な記号	意　味
主に6章〜9章	
A^c, $\overline{A}$	事象 A の余事象，他に A^C など
$A \cup B$	事象 A と B の和事象
$A \cap B$	事象 A と B の積事象，他に AB など
$B(n, p)$	試行回数 n，成功確率 p の二項分布
$E(X)$, μ	確率変数 X の期待値，平均
H_0, H_1	帰無仮説，対立仮説
$N(\mu, \sigma^2)$	平均 μ，分散 σ^2 の正規分布
$N(0, 1)$	平均 0，分散 1 の標準正規分布
$P(A)$, $\Pr(A)$	事象 A の確率
$P(A|B)$	事象 B を与えた下での事象 A の条件付き確率
$\hat{p}$	標本比率
U	全事象，全集合，他に Ω, S など
$V(X)$, σ^2	確率変数 X の分散，他に $\mathrm{var}(X)$ など
$\overline{X}$	確率変数 $X_1, X_2, \cdots, X_n$ の標本平均
Z	標準正規分布 $N(0, 1)$ に従う確率変数
α	有意水準
$\sigma(X)$, σ	確率変数 X の標準偏差
ϕ, $\emptyset$	空事象

目　次

1. データの種類とグラフ表現

■■■　**Key Words**

- 質的変数，量的変数
- 幹葉図（幹葉表示）
- レーダーチャート
- 積み上げ棒グラフ
- 時系列データ
- 指数（指標）

§ 1.1 データの種類

新聞やインターネット等には，さまざまな表やグラフが掲載されており，テレビでも種々の数値が紹介され，表やグラフを用いて解説が行われている。たとえばある日の新聞の一面には，各政党の支持率の推移のグラフや次回の選挙に関する世論調査の結果が載っているかもしれない。また経済面には株価の変動を表すグラフが，スポーツ面には野球やサッカーの記録が載っていることもあるし，天気予報欄には今後数日間の天候・気温・降雨確率が記載されている。

これらの資料や情報は，物事の推論の基礎となったり，判断や立論のもとになるもので，**データ**または**統計資料**などと呼ばれ，次のようないくつかの共通の性質がある。

1) ある調査や実験・観察の結果を表す情報の表現（数値や分類項目など），またはそれらから作成されたものである。
2) 得られた結果には，何らかの意味での不確実性がともなう。
3) それらの結果の背後には，現実的または仮想的な集団・メカニズムを想定することができる。

多くの場合，我々は，このような不確実性をもつデータに基づいて，それらが得られた集団，それらを発生させるメカニズムに関する何らかの知見を得ることに興味がある。このような問題を定式化し，それを解決するためのさまざまな方法を提供するのが，**統計学の目的**である。

ここで，データと呼ばれる情報の表現とはどのようなものであるかを，具体的に考えてみよう。たとえば総務省が行っている家計調査の世帯票（平成27年以降）では，世帯員の性別，世帯人数，住居の建築時期，家賃などの項目について回答を求めている。これらの調査項目を集計する際には，それぞれの項目の性質の違いを意識しておく必要がある。

まず，各調査項目に対して，いろいろな値をとる変数 X を対応させる。対象とする項目が「世帯員の性別」の場合には，X のとる値は {男} または {女} であるが，便宜的に {男} を数字 1 に，{女} を数字 2 に対応させて集計を

行っている。また項目が「住居の建築時期」の場合には，X のとる値は {昭和 40 年以前}，{昭和 41 年〜50 年}，{昭和 51 年以降} であるが，これをそれぞれ数字 1，2，3 に対応させて集計を行っている。項目が「世帯人数」の場合には，X は人数に対応する 1 以上の整数値をとる変数として扱う。また，項目が「家賃」の場合には，X は 1 か月の家賃に対応する正の実数値をとる変数とする。このように，データの性質に対応して，変数はさまざまな方法で定義されるが，解析の目的に応じて適切に定める必要がある。

　一般に，変数はいくつかの観点から分類することができるが，第一に，変数のとる値と測定の尺度によって，**質的変数**と**量的変数**に分けることを考える。

$$\begin{cases} 質的変数：名義尺度または順序尺度 \\ 量的変数：間隔尺度または比例尺度（比尺度） \end{cases}$$

　質的変数は，性別や支持政党，住居の建築時期や学校の成績評価，病状のステージなどのように，いくつかに分類されたもの（それぞれを**カテゴリ**という）の中から 1 つのカテゴリを取るような変数である。性別や支持政党のように，カテゴリ間に順序関係がないものを**名義尺度**で測定された変数と呼び，住居の建築時期の諸段階や学校の成績の 5 段階評価，病状の進行段階のように順序関係があるものを**順序尺度**で測定された変数と呼んでいる。

　量的変数は，世帯人数，摂氏温度，西暦，身長・体重や距離などのように，数値で与えられるような変数である。摂氏温度や西暦のように，各値の間隔だけが意味をもつものを**間隔尺度**で測定された変数と呼び，身長・体重や距離のように，ある個体の数値が他と比較して何倍大きいかを論ずることに意味があるもの，すなわち値 0 が意味をもつものを**比例尺度**（または**比尺度**）で測定された変数と呼んでいる。たとえば摂氏で測った温度は，1 気圧の下での水の凝固点を 0，沸点を 100 とし，その間を 100 等分したものであり，各値の間隔だけが意味をもっているので間隔尺度で測定された変数である。これに対して絶対温度は，絶対 0 度が物理的な意味を持っているので，比例尺度で測定された変数である。

　以上の分類とは別に，量的変数には**離散変数**と**連続変数**という分類もある。離散変数は，たとえば世帯人数や居室の数，1 週間に運動を行った日数などのように，とびとびの整数値（離散値）をとる変数である。これに対し

て連続変数は，たとえば時間，身長・体重，距離などのように，連続的な実数値をとる変数である。100点満点の試験の点数は，厳密には0点から100点までの1点刻みのとびとびの値をとる離散変数であるが，変数のとりうる値が多いため，近似的に連続変数として扱うことが多い。しかし，変数のとりうる値がどの程度多ければ連続変数として取り扱うのかは，解析の目的等によって決められる。

　第二に，ひとまとまりとして考える変数の個数によってデータを分類することもできる。たとえば，各学生の身長を表す変数だけに注目する場合には，そのデータは1次元データといわれる。これに対して，たとえば身長と体重の関連性を調べたい場合には，各学生について，身長と体重を表す2つの変数の値を同時に測定することが必要になる。このようなデータは，注目している変数の個数が2であるので，2次元データといわれる。一般に，多数個の変数の値を同時に考えるデータを多次元データまたは**多変量データ**という。多次元データを構成している各変数が，量的変数であるか質的変数であるか，またはそれらが混在しているかによって，また解析の目的によって，適用すべき統計手法は異なる。多変量データを解析するための手法は多変量解析法と呼ばれている。

　第三に，興味のある変数の，時間変動に注目するか否かによるデータの分類も考えられる。たとえばある株の価格の時間的変動や，ある地域の大気汚染物質濃度の経時的変化などのように，同一の対象の異なる時点での変数の値を与えるデータを，**時系列データ**という。これに対して，選挙前の世論調査の結果や機械部品のロット（ひとかたまり）から取られた検査用部品の測定結果などのように，ある時点でのいくつかの異なる対象の調査結果や測定結果を与えるデータを，**クロスセクション・データ**という。また市場調査などでは，調査対象集団を構成する同一の単位に対して繰り返し調査を行うことがあるが，このようにして得られるデータを，**パネル・データ**という。

> **例題 1.1**　　次の 4 種類の変数は，質的変数と量的変数のどちらであるか。また，それぞれの変数の尺度は何か。
>   1.　職業　　　2.　東京の 1 週間の日平均気温 (°C)　　　3.　血圧
>   4.　配達物の配達希望時間帯

（答）

1.　質的変数，名義尺度　　　　　　2.　量的変数，間隔尺度

3.　量的変数，比例尺度　　　　　　4.　質的変数，順序尺度

§ 1.2　質的変数の要約

　前節で，我々は不確実性をもつデータに基づいて，それらが得られた集団，それらを発生させたメカニズムに関して何らかの知見を得ることに興味があることを述べた。ところで，収集されたデータから得られるのは，単なる変数の値の集まりであるから，それから知見を得るための情報を抽出するために，変数の多数個の値を少数個の数値やグラフとして要約することを考える。

　量的変数の場合のグラフによる要約は次節および第 2 章で，また数値的要約は第 3 章で説明するので，ここでは質的変数の場合についての説明を行う。まず，本節では，質的変数の数値的要約法とそれに対応するグラフ要約法を説明し，次の 1.3 節でその他のグラフによる要約法について説明する。

質的変数の集計

　質的変数を要約するために，それぞれのカテゴリに属する観測値の個数（**度数**または**頻度**という）を集計する。たとえば，2019 年 7 月に行われた NHK の政治意識月例調査に含まれる支持政党の調査を見ると，表 1.1 のような結果であった。度数の合計，すなわち観測値の個数である 2,060 を**データの大きさ**と呼び，しばしば $n = 2{,}060$ と書く。

表 1.1　政党支持者数

支持政党	度数
自民党	689
立憲民主党	124
公明党	99
共産党	60
日本維新の会	47
国民民主党	33
社民党	10
その他	21
支持なし	812
わからない・無回答	165
合計	2,060

　この表では，支持する人が多い政党から順番に並べてあるが，本来は政党の間に順序があるわけではなく，どの順番に並べてもよい。しかし，わかりやすくするために，度数の大きい政党から順に書くことが一般的である。ただし，「その他」,「支持なし」や「わからない・無回答」については最後にまとめている。

　各政党の支持者の人数や大小の比較に興味がある場合には，図1.1のように**棒グラフ**を使って表現する。

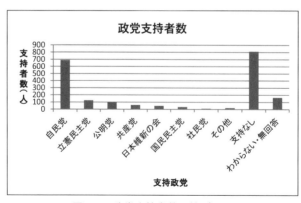

図 1.1　政党支持者数の棒グラフ

質的変数によっては，回答カテゴリの間に順序関係がある場合もある。たとえば，平成30年度の全国学力学習状況調査での中学生に対する調査では，「数学の勉強は大切だ」ということを回答者自身がどう思っているかを尋ねる質問に対して，「当てはまる」「どちらかといえば，当てはまる」「どちらかといえば，当てはまらない」「当てはまらない」の4つの選択肢から回答を選択するようになっていた。このように，選択肢の間に順序関係がある場合には，棒グラフを描く際にもこの順序に並べるのが自然である。

質的変数の場合には，各カテゴリの人数だけでなく，割合を考えることもある。表1.1の政党支持者数のデータでは，それぞれの政党の支持割合は表1.2のようになる。割合は，回答者の人数に関わらず解釈することができるため，回答者数が異なる調査結果の比較を行う場合に有用である。ただし，割合で示す場合には，全体の回答者数を明示することが望ましい。

割合は，**円グラフ**(図1.2)や**帯グラフ**(図1.3)を使って表現する。一般に円グラフが使われることが多いが，複数のグラフを比較する場合や年次的な変化をみる場合には，帯グラフの方がわかりやすいことも多い。目的に応じて，円グラフと帯グラフのどちらが望ましいかを検討する必要がある。

表1.2 政党支持割合

支持政党	割合
自民党	33.4%
立憲民主党	6.0%
公明党	4.8%
共産党	2.9%
日本維新の会	2.3%
国民民主党	1.6%
社民党	0.5%
その他	1.0%
支持なし	39.4%
わからない・無回答	8.0%

(合計 $n = 2,060$ 人)

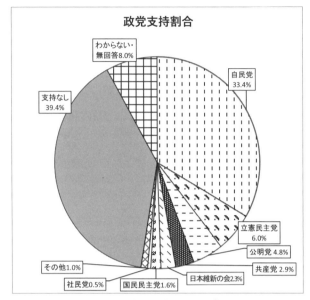

図 1.2　政党支持割合の円グラフ

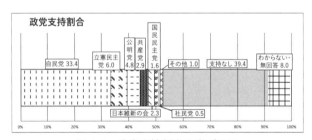

図 1.3　政党支持割合の帯グラフ

クロス集計

　調査では，複数の項目を同時に調査する場合も多い。このとき質的変数について，単純に1つの項目を集計して各カテゴリの出現度数を調べるだけでなく，いくつかの調査項目を組み合わせて集計し，カテゴリの組合せの出現度数を検討することも大切である。このように複数の項目を組み合わせて集計する方法を**クロス集計**，その結果得られる表を**クロス集計表**という。

たとえば，総務省が実施する社会生活基本調査では，過去1年間に何らかのスポーツをしたかどうかを調査している。この項目と性別を組み合わせると，表1.3のようになる。なお，この調査方法は8.3節で解説する標本調査であり，標本の大きさは179,297人（男性85,299人，女性93,998人）である。

表1.3　平成28年社会生活基本調査

	した	しなかった	計
男性	62,693	22,606	85,299
女性	60,517	33,481	93,998

クロス集計の割合の計算法には，次の3つの場合がある。
1) 全体を100%とする場合
2) 横の和（**行和**）を100%とする場合
3) 縦の和（**列和**）を100%とする場合

表1.3のデータについて，横の和を100%として割合を計算すると，表1.4のようになる。

表1.4　行和を100%とする場合

	した	しなかった
男性	73.5%	26.5%
女性	64.4%	35.6%

表1.4から，男性はほぼ4人に3人がスポーツをしているのに対して，女性は3人に2人程度であり，女性に比べて男性の方がスポーツをしている人の割合は若干大きいことがわかる。ただし1)〜3)に示す割合の計算方法により解釈の仕方が異なるため，目的に応じてどの方法が適切であるかを考える必要がある。

なお，行和と列和という用語は，著者により上と逆に用いている場合があるので注意が必要である。ここでの行和は1行内の和を表しているが，異なる列にまたがる和であるから，著者によってはこれを列和と呼んでいる場合もある。

§ 1.3　グラフによるデータの要約

　前節で述べたように，データをグラフを用いて要約するのは，データの中から必要な情報を抽出するための工夫である。グラフは，データが示す意味を理解したり，説明したりするための有効な手段であるが，データのもつさまざまな特徴の中からある種の特徴に焦点を当てて表現するため，目的に応じてさまざまな統計グラフが存在する。そのため，グラフの特徴を把握し，分析の目的に応じて，適切に選択する必要がある。

基本的なグラフ

　これまでに紹介したいくつかのグラフや，統計検定4級の出題範囲に含まれている基本的なグラフの特徴は以下の通りである。

棒グラフ	量の大小を比較する際に用いられるグラフで，棒の高さでそれぞれのカテゴリの量を表している。
折れ線グラフ	数量の時間的・空間的変化を表す際に用いられるグラフである。
円グラフ	それぞれのカテゴリの全体に対する割合を表す際に用いられるグラフである。
帯グラフ	円グラフと同様に，全体に対する割合を表すグラフであるが，特に複数のグループの比較や年次的な変化を調べる際に有効である。

この他にも，さまざまな統計グラフが用いられる。

幹葉図
<small>みき　は</small>

　幹葉表示とも呼ばれ，データの大きさnが比較的小さい場合に用いられるグラフ表現である。データの値を木の“幹”と“葉”のような形に図式化したもので，原データの加工は行っていないので，この図からデータの値を復元することができる。また，データの分布状況が直感的に把握しやすいとい

う特徴をもっている。

　具体例で説明してみよう。表 1.5 の計 30 個のデータは，進化論で有名な
ダーウィン (Darwin, C.) がある種のとうもろこしの丈の長さを調べた実験
結果を表したもので，他家受精した場合と自家受精した場合の結果である。

表 1.5　ダーウィンのとうもろこしの丈のデータ（単位：インチ× 8）

他家受精	188	96	168	176	153	172	177	163
	146	173	186	168	177	184	96	
自家受精	139	163	160	160	147	149	149	122
	132	144	130	144	102	124	144	

　このデータを幹葉表示したものが図 1.4 である。たとえば他家受精の 1 番
目のデータ 188 は，18 という "幹" に付いた 8 という "葉" によって表示さ
れており，以下も同様である。ここで，他家受精のデータに対応する数値に
"＿" を付けるなどの工夫をすることにより，概して他家受精の方が大きな
値になっていることなども一目で読みとれる。このように幹葉表示は，デー
タの分布状況などを知るために非常に有効なグラフ的表現法である。

　バスや列車の時刻表もある意味で幹葉図と同じ形で構成されている。また
幹葉図を左に 90 度回転したものは，第 2 章のヒストグラムに対応するとも
考えられる。

$$
\begin{array}{r|l}
9 & \underline{6}\ \underline{6} \\
10 & 2 \\
11 & \\
12 & 2\ 4 \\
13 & 0\ 2\ 9 \\
14 & 4\ 4\ 4\ \underline{6}\ 7\ 9\ 9 \\
15 & \underline{3} \\
16 & 0\ 0\ 3\ \underline{3}\ \underline{8}\ \underline{8} \\
17 & \underline{2}\ \underline{3}\ \underline{6}\ \underline{7}\ \underline{7} \\
18 & \underline{4}\ \underline{6}\ \underline{8} \\
\hline
幹 & 葉
\end{array}
$$

図 1.4　とうもろこしデータに対する幹葉図

レーダーチャート

　レーダーチャートは複数の値をまとめて表現する際に用いられるグラフである。図1.5は，高等学校のある生徒の5教科の成績を表している。このグラフを見ることにより，教科間のバランスが判断できる。一般には，教科によってテストの難易度が異なるから，クラスの平均点をグラフの中に表示して，その生徒の成績と比較することも有効である。

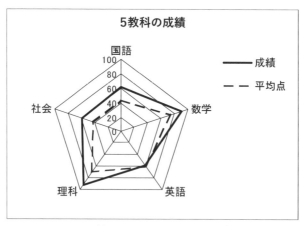

図1.5　ある生徒の5教科の成績のレーダーチャート

　この他にも，ヒストグラムや箱ひげ図，散布図などのグラフもあるが，それらについては，第2章や第4章で詳しく説明する。

 § 1.4　グラフ表現の工夫と注意点

複数のグラフの組合せ

　気温と降水量のように，複数の変数について観測値を比較する際には，それらを1つのグラフで表現する場合がある。一般に，気温を**折れ線**グラフで，降水量を**棒**グラフで表し，これを**雨温図**と呼んでいる。図1.6は，東京都の

1981年から2010年の，毎月の平均気温と平均降水量のグラフを1つに合わせたものであり，これから月ごとの気温の変化と降水量の変化を同時に把握することができる。ただし，この場合の縦軸の目盛は平均気温と平均降水量で異なっている。そのため，平均気温は左側の軸で示し，平均降水量は右側の軸で示している。

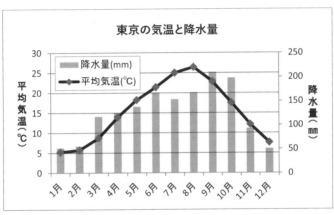

図1.6 気温と降水量のグラフ

積み上げ棒グラフ

図1.7は，平成2年から平成27年までの5年ごとの出生数の変化を表したグラフで，**積み上げ棒グラフ**と呼ばれる。このグラフは，棒の高さの合計で各年の総出生数を表しているだけでなく，母親の年齢別の出生数も表している。このグラフから，各年齢層別の出生数の変化も読み取ることができるが，各年齢階層の位置が年によって異なっているため，微妙な違いを判断することは難しい。

グラフから，母親の年齢が20～24（歳）の層や25～29（歳）の層では出生数は減少しているが，35～39（歳）の層では若干ではあるが出生数が増える傾向が見られる。ただし，各年齢層での女性の人口が変化していることを考慮する場合には，各年齢層での出生数を人口で割った値を**折れ線グラフ**で表すことも効果的である。

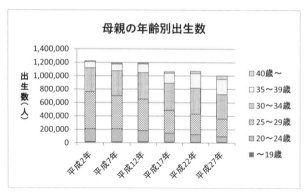

図 1.7　出生数の積み上げ棒グラフ

時点の異なる複数の帯グラフ

　図1.8は，2000年と2016年における，二人以上の世帯の1世帯当たり1か月の平均消費支出額について，費目別構成比の変化をまとめたものである。このグラフから，食料費や交通・通信費の割合は，2000年に比べて2016年は増加していること，またその他の消費支出の割合は減少していることなどがわかる。この例からわかるように，この種のグラフは，構成割合の時間的変化を把握する場合などに有効である。

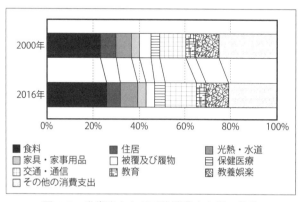

図 1.8　世帯当たり月平均消費支出額の推移

誤解を招きやすいグラフ表現

　図1.9は，平成13年〜平成22年における日本の漁業生産量（遠洋，沖合，沿岸漁業の合計）の推移のグラフである。この例ではどの年も400万トン以上の生産量があるため，普通に棒グラフで表現すると年ごとの変化がわかりにくくなる（上の図「漁業生産量の推移 (1)」参照）。そこで，グラフの目盛りを380万トン〜500万トンの間に限定し，各年の変化を見易くすることもできる（下の図「漁業生産量の推移 (2)」参照）。

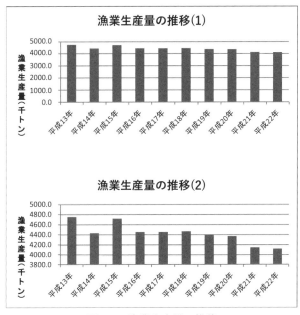

図 1.9　漁業生産量の推移

　このようなグラフの工夫自体は，グラフの縦軸の目盛りが0から始まっていないことを明確にしておけばよいが，それが明確にされていないと誤解を招く恐れがある。また，提示されたグラフを解釈する場合には，このことをしっかり意識しておく必要がある。

§1.5　時系列データの要約

　新聞やテレビのニュースでは，さまざまなデータが用いられるが，最もよく用いられるものの1つに時系列データがある。たとえば，表1.6は，2009年1月から2018年12月までの10年間について，東京の月平均気温（日平均気温の月平均値）を表している。この例のように，時間の経過とともに繰り返し測定・観測されたデータのことを**時系列データ**と呼ぶ。

表1.6　東京の月平均気温

年/月	1月	2月	3月	4月	5月	6月	7月	8月	9月	10月	11月	12月
2009	6.8	7.8	10.0	15.7	20.1	22.5	26.3	26.6	23.0	19.0	13.5	9.0
2010	7.0	6.5	9.1	12.4	19.0	23.6	28.0	29.6	25.1	18.9	13.5	9.9
2011	5.1	7.0	8.1	14.5	18.5	22.8	27.3	27.5	25.1	19.5	14.9	7.5
2012	4.8	5.4	8.8	14.5	19.6	21.4	26.4	29.1	26.2	19.4	12.7	7.3
2013	5.5	6.2	12.1	15.2	19.8	22.9	27.3	29.2	25.2	19.8	13.5	8.3
2014	6.3	5.9	10.4	15.0	20.3	23.4	26.8	27.7	23.2	19.1	14.2	6.7
2015	5.8	5.7	10.3	14.5	21.1	22.1	26.2	26.7	22.6	18.4	13.9	9.3
2016	6.1	7.2	10.1	15.4	20.2	22.4	25.4	27.1	24.4	18.7	11.4	8.9
2017	5.8	6.9	8.5	14.7	20.0	22.0	27.3	26.4	22.8	16.8	11.9	6.6
2018	4.7	5.4	11.5	17.0	19.8	22.4	28.3	28.1	22.9	19.1	14.0	8.3

時系列データのグラフ表現

　時系列データのグラフ表現としては**折れ線グラフ**が用いられる。表1.6の東京の気温の月平均値データを折れ線グラフに表すと図1.10のようになる。

　これから月平均気温が1年を周期に変化している様子がわかるが，季節的な変化が大きいために，10年間の傾向的な変化を見ることは難しい。

　そこで，季節的な変動を除いた年平均気温（日平均気温の年平均値）の推移を調べてみよう。図1.11は，1876年から2018年までの東京の年平均気温の推移を表している。年平均気温の変動を見ると，長期的には上昇している傾向が見られる。

　このように，時系列データの特徴を見る場合には，時間的な変化の中から周期的な変動や偶然による不規則な変動を取り除くことによって，全体的な傾向を調べることが行われる。

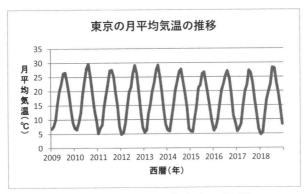

図 1.10 東京の気温の推移（月平均値）

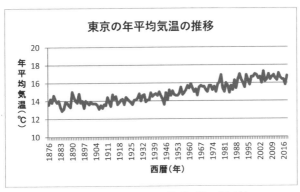

図 1.11 東京の気温の推移（年平均値）

例題 1.2 次の表は，1985 年から 2015 年までの 5 年ごとの総農家数（単位 千戸）を表している。

西暦（年）	1985	1990	1995	2000	2005	2010	2015
総農家数（千戸）	4,229	3,835	3,444	3,120	2,848	2,528	2,155

（出典：農業センサス）

このデータを折れ線グラフに表して，その傾向を調べよ。

（答）総農家数はほぼ直線的に減少する傾向があり，その減少数は 5 年で約 35 万戸である。

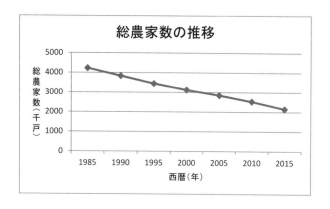

時系列データの変化の様子をみる場合には，前時点を基準として，前時点との差や比で表したり，

$$\frac{現時点の値 \ - \ 前時点の値}{前時点の値}$$

のように**変化率**で表したりすることがある。どのような表現を用いるかは，解析の目的に合わせて適切に選ぶ必要がある。

時系列データの指数（指標）による表現

図 1.12 は，1980 年から 2012 年までの漁業生産量の推移を遠洋，沖合，沿岸の 3 つの部門別に示したものである。

複数の時系列データを比較する際には，生産量そのものではなく，変化率を用いる場合もある。その際には，ある時点を**基準時点**として，各時点の生産量を基準時点の生産量で割った値やそれを 100 倍した値を用いることもある。このような表現を**指数**（あるいは**指標**）という。図 1.12 のデータを指数表現したグラフが，図 1.13 である。

このグラフから，沖合漁業の生産量は 1980 年代は増加傾向にあったが，1990 年以降は減少していること，またその減少率は沿岸漁業よりも大きく，遠洋漁業と同じ位になってきていること等がわかる。

図 1.12　漁業生産量の推移（実数）

図 1.13　漁業生産量の推移（指数）

§ **1.6** 時系列グラフ作成上の注意点

　時系列データについては，時間的な順序や間隔を意識して分析することが大切である。これまでに示した東京の気温の推移や漁業生産量の推移のデータでは，一定の時間間隔で繰り返し測定されていた。しかし，必ずしもすべてのデータが一定の時間間隔で測定されているわけではない。たとえば，母子健康手帳には子どもの成長の記録として，身長や体重を書く欄がある。この場合，測定の間隔は一定ではなく，次のような形式のデータが得られる。

　この表 1.7 は，ある女の子の体重の推移を記録したものである。出生時からしばらくは 1 か月ごとに測定を行っているが，4 か月目の次の測定は 8 か

表 1.7　体重の推移

月数（月）	0	1	2	3	4	8	12
体重　（g）	2,830	5,160	5,800	6,980	8,050	9,320	10,210

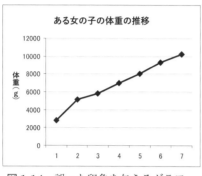

図 1.14　誤った印象を与えるグラフ

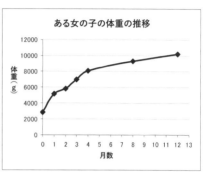

図 1.15　時間間隔（横軸）の正しいグラフ

月目で，その次は 12 か月目となっている。このデータを表計算ソフト等を使って折れ線グラフに表すとき，時間間隔に注意を払っていないと，図 1.14 のような折れ線グラフとなってしまう。このグラフは体重が直線的に増えているという誤った印象を与える。それは，時間間隔を考慮せずに折れ線グラフを描いたからである。

　横軸を時間間隔に対応させると，図 1.15 に示すように 4 か月を過ぎるあたりから体重の増加は鈍くなっている。このように，時間の間隔に注意を払って折れ線グラフを表現するように心がける必要がある。

時系列データに対する対数の利用

　データによっては，比率を使った方が解釈が容易になるものがある。そのような場合には，データを変換して対数で表示（**対数変換**）すると明確な関係が得られることが多い（対数については A.3 参照）。

　図 1.16 の上段の図は，内閣府が公表している国民経済計算から得られる雇用者所得（単位：兆円）の，1955 年から 2011 年までの長期時系列データを表している。また，下段の図は，雇用者所得（単位：兆円）の対数をとっ

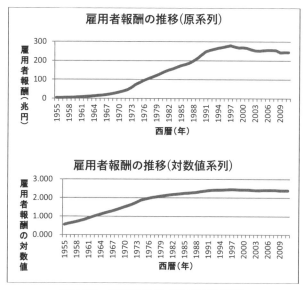

図1.16 雇用者所得（国民経済計算）

た値の長期時系列データを表している。

　図1.16の上段の図から，この期間で雇用者所得は大きく成長したことが
わかる。この図だけを見ると，データの全期間にわたる変化が大きいため，
1950〜1960年代における変動が見にくい。データが与えられている期間は，
高度成長期が始まってからバブル崩壊後までの時期で，**成長率がある程度安
定的であること**から，比率を取った方が解釈が容易である。

　いま，時間を t と表し，対応する時系列データの値を y_t と表す。このと
き，常用対数に変換した $\log y_t$ のグラフは図1.16の下段の図のようになる。
これを見ると，1955年から1974年頃までは，傾きがほぼ一定の直線に近い
ことがわかる。すなわち，この期間においては，近似的に $\log y_t = at + b$（a，
b は定数）なる関係が成立している。これより，$\log \dfrac{y_{t+1}}{y_t} = \log y_{t+1} - \log y_t$
$= a$ となり，y_t に関しては成長率が一定であることがわかる。また，$\log y_t$
が表す直線の傾きが成長率に対応することもわかる。このように解釈する
と，1974年前後の石油危機を境にして成長率が低下したこと，1991年のバ
ブル崩壊といわれる経済の停滞期以降では，さらに一段と成長率が低下した
ことなどが読み取れる。

■■■　**練習問題**　　　　　　　　　　　　（解答は**202**ページです）

問**1.1**　次のA〜Dの4つの変数のうち，離散変数はどれか。適切な
ものを下の①〜④のうちから一つ選べ。

　　　A. ある店舗の1時間の来客数　　　B. 1週間の平均睡眠時間

　　　C. 最終学歴　　　　　　　　　　　D. 東京の年間降雨日数

　　　　①　Cのみ　　　　②　AとCのみ

　　　　③　AとDのみ　　④　BとDのみ

問**1.2**　ある町の高校生全員に対して，将来地元に住みたいかどう
かを調査したところ，次の棒グラフのような結果が得られ
た。このグラフからいえることとして，適切でないものを下
の①〜④のうちから一つ選べ。

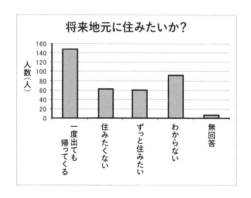

①　将来地元に住みたいと考えている高校生は200人以上いる。

②　将来住みたくないと思っている高校生とずっと住みたいと
　　思っている高校生はどちらも約60人いる。

③　全体の回答者は約400人である。

④　わからないと答えた高校生は約25%である。

問 1.3　ある高等学校で 361 人の生徒を対象に，運動部に関する取り組み状況を調査したところ，次の円グラフのような結果が得られた。このグラフからいえることとして，適切でないものを下の①～④のうちから一つ選べ。

運動部の状況

① 3 年間継続した生徒は約 150 人である。

② 運動部に入部した生徒は，途中で退部した生徒も含めると 70% 以上いる。

③ 運動部に入部しなかった生徒は，80 人以下である。

④ 3 年間継続した生徒の割合が，3 つの回答の中で一番高い。

問 1.4　公立高校 300 校と私立高校 100 校に対して，1 日あたりの部活動の時間数を調査したところ，次の表のようになった。

	1 時間未満	1 時間以上 2 時間未満	2 時間以上 3 時間未満	3 時間以上	合計
公立高校	4	62	141	93	300
私立高校	2	21	34	43	100

この表から読み取れることとして，適切でないものを次の①〜④のうちから一つ選べ。

① 公立の方が私立より，部活時間数が2時間未満の生徒の割合が少ない。

② 公立，私立ともに，部活時間数が3時間以上の生徒の割合は3割を超えている。

③ 公立，私立ともに，部活時間数が1時間以上3時間未満の生徒は半数以上いる。

④ 公立と私立を合わせたデータについて，部活時間数が3時間以上の生徒の割合は，公立の部活時間数が3時間以上の割合より小さい。

問1.5 グラフの特徴に関する記述として，適切でないものを次の①〜④のうちから一つ選べ。

① 質的変数の各カテゴリの占める割合をグラフ化する際には，円グラフや帯グラフが用いられる。

② 積み上げ棒グラフは，カテゴリの割合の年次的な変化を見る際に用いられる。

③ レーダーチャートは，複数の指標のバランスを見る際に用いられる。

④ 幹葉図は，データの分布状況が直感的に把握しやすく，原データの値を復元できる。

問 **1.6**　次の図は，ある県の火災発生件数を，建物，林野，車両とその他について表したものである。このグラフの解釈として，適切でないものを下の①〜④のうちから一つ選べ。

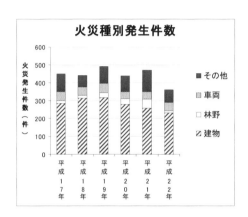

①　どの年も，建物の火災発生件数が最も多い傾向がある。

②　平成22年は，火災発生件数が最も少なくなっている。

③　建物火災の件数は，平成19年をピークに，その後は減少している。

④　林野の火災発生件数は，平成19年が最も多く，300件以上ある。

問**1.7**　次の図は，平成23年の大阪市の各月の平均気温と降水量を
　　まとめたものである。このグラフの解釈として，適切でないも
　　のを下の①～④のうちから一つ選べ。

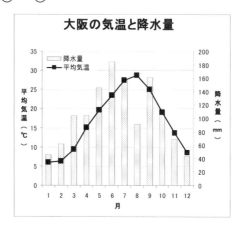

①　最も降水量の多い月は6月である。

②　最も平均気温が高いのは8月である。

③　冬場は平均気温が低いだけでなく降水量も少なく，1月，2
　　月，11月，12月の降水量は80mm以下である。

④　3月の平均気温は約18°Cである。

問 **1.8**　次の図は，平成 13 年から平成 22 年までの犯罪検挙数のグラフである。このグラフに関する記述として，適切でないものを下の $\textcircled{1}$ 〜 $\textcircled{4}$ のうちから一つ選べ。

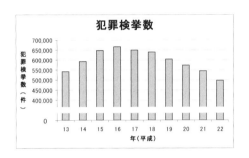

$\textcircled{1}$　この例では，縦軸が 0 から始まる通常の棒グラフで表現すると，年ごとの変化がわかりにくくなる。

$\textcircled{2}$　グラフの縦軸の途中を省略するなどの工夫を行った場合は，省略したことを明確にする必要がある。

$\textcircled{3}$　上図のようなグラフを解釈する場合には，途中が省略されていることをしっかり意識する必要がある。

$\textcircled{4}$　縦軸が 0 から始まっていないグラフは，誤解される恐れがあるので，用いるべきではない。

問 **1.9**　次の表は，東京都における 2011 年のガソリン 1 リットル当たりの値段を表している。

	1月	2月	3月	4月	5月	6月	7月	8月	9月	10月	11月	12月
ガソリン価格(円)	135	136	147	151	151	146	147	150	144	141	141	143

この表から作成した前の月からの差の折れ線グラフとして，適切なものを次の $\textcircled{1}$ 〜 $\textcircled{4}$ のうちから一つ選べ。

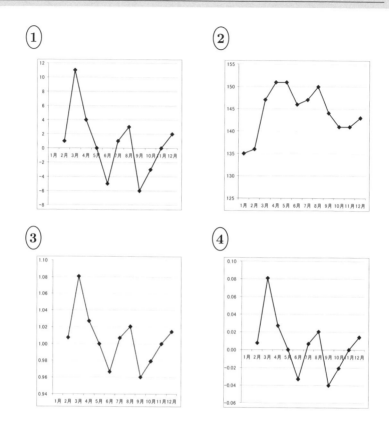

問 **1.10**　次の表は，2005 年から 2009 年までの米の作付面積を表している。

西暦（年）	2005	2006	2007	2008	2009
米の作付面積（千 ha）	1,706	1,688	1,673	1,627	1,624

（資料：農林水産省）

この表から，2005 年の作付面積を 100 として 2009 年の作付面積を表した指数として，最も適切なものを次の ① 〜 ④ のうちから一つ選べ。

① −82　　② −5　　③ 95　　④ 1,624

問 **1.11**　次の折れ線グラフは，1990 年から 2005 年までの原因別の火災発生件数を 5 年ごとに表したものである。

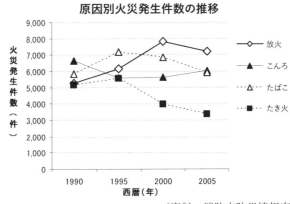

（資料：消防庁防災情報室）

この折れ線グラフの解釈として，適切でないものを次の ① ～ ④ のうちから一つ選べ。

① 4 つの原因の中で，2005 年の火災発生件数が一番多いのは放火による火災である。

② たき火が原因の火災は，1990 年に比べて 2005 年の発生件数が減少している。

③ こんろが原因の火災発生件数は，1990 年から 2005 年の間で 1,000 件程度増えている。

④ たばこが原因の火災発生件数は，1990 年から 1995 年にかけて増えているが，その後減少している。

問 **1.12**　次の図は，平成 22 年度までの 10 年間の山岳遭難者数の推移を表している。

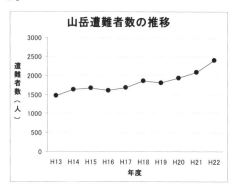

この資料からもわかるように，この 10 年間の山岳遭難者数は増加の傾向がみられる。平成 18 年度以降の 60 歳以上の遭難者数をみると，次の表のようになっている。

年度	H18	H19	H20	H21	H22
60 歳以上の遭難者数	909	871	1004	1040	1198

これらの結果からわかることとして，最も適切なものを次の①〜④のうちから一つ選べ。

① 60 歳以上の登山者は遭難する割合が高い。

② 60 歳以上の遭難者数は，平成 19 年度以降，年々増加している。

③ 遭難者に占める 60 歳以上の遭難者の割合は年々増加している。

④ 60 歳以上の人口が増えているので，60 歳以上の登山者数も増えている。

2. 量的変数の要約方法

§ 2.1　度数分布表の作成

　1 章で説明したとおり，質的変数と**量的変数**の区別の他，量的変数については，さらに**離散的な変数**と**連続的な変数**に区別することがある。ある高校に在籍する生徒を例にすると，兄弟姉妹の人数や家族の所有する携帯電話の台数などは 0,1,2,... と，とびとびの値を取る離散変数である。このような変数については，生徒ごとの人数または台数をカテゴリと考えて度数を数えたり，棒グラフを描くことで分布の状況を把握できる。ただし，離散的な量的変数に関しては数値に大きさとしての意味があるという点で，質的変数の分析とは区別される。

　これに対して，身長や 50 m 走のタイムのような連続的な値を取る変数では，それぞれの測定結果は少しずつ異なっており，厳密には同じ値はほとんど出現しない。そのため，質的データや離散的な変数の場合のように，同じカテゴリの度数を数える形で集計するのではなく，観測値をいくつかのグループに分けて，その度数を調べる必要がある。

　ある学校の給食の献立表では，献立の横にエネルギー量が示されている。ある年の 4 月と 5 月の献立表で 32 日間のエネルギー量（単位 kcal）を調べると，表 2.1 のような値が得られた。

表 2.1　給食のエネルギー量 (kcal)

526	380	392	294	411	579	698	417	416	454
615	467	582	558	611	544	579	586	646	587
560	584	531	528	569	629	646	591	609	500
586	604								

　32 日間の最小値は 294(kcal) であり，最大値は 698(kcal) である。そこで，250(kcal) から 700(kcal) を，幅 50(kcal) ずつ 9 個のグループに分けてそれぞれの度数を数えると，表 2.2 のように整理される。

　変数が取る値の範囲をグループ分けした，それぞれの区間を**階級**という。階級に含まれる観測値の個数をその階級の**度数（頻度）**といい，階級ごとに度数を整理したものを**度数分布**，その表を**度数分布表**という。また，各階級

表2.2　給食のエネルギー量の度数分布表

階級			度数	相対度数	累積相対度数
以上		未満		(%)	(%)
250	～	300	1	3.1	3.1
300	～	350	0	0.0	3.1
350	～	400	2	6.3	9.4
400	～	450	3	9.4	18.8
450	～	500	2	6.3	25.1
500	～	550	5	15.6	40.7
550	～	600	11	34.4	75.1
600	～	650	7	21.9	97.0
650	～	700	1	3.1	100.0
合計			32	100.0	―

注：四捨五入の関係で合計は 100.1 となる。

を代表する値を**階級の代表値**または**階級値**と呼ぶ．各階級の代表値は，階級の下限と上限の平均値（階級の真ん中の値）とすることが多い．ただし，総務省が公表している家計調査などの度数分布においては，各階級に含まれる個々の値の平均値を求めて，それを表示する場合もある．表2.2は表2.1のデータから作成した度数分布表である．

　連続的な観測値の場合には，階級の境界に注意が必要である．日本では250(kcal) 以上 300(kcal) 未満のように，階級の下限は含み，上限は含まない形の階級を考えることが多いが，海外では逆の場合もある．通常，エネルギー量は小数点以下を四捨五入して表現されているから，400(kcal) は399.5(kcal) 以上 400.5(kcal) 未満となり，階級の境界は0.5だけずれるが，多くの実例ではそれほど厳密な表記は用いられない．また，年齢について，たとえば20歳は，20歳になった直後から21歳の誕生日を迎える直前までを意味するため，四捨五入とは言えない．

　表2.2の度数分布表には，相対度数と累積相対度数も表示されている．相対度数は各階級の度数の全体に対する割合を表すもので，

$$相対度数 = \frac{階級の度数}{度数の合計}$$

と求める．相対度数は，観測値の個数（データの大きさ）が異なる複数の集団を比較する場合に有効である．度数または相対度数を小さい階級から合計して得られる**累積（相対）度数**もよく用いられる．

表2.2の例では，累積相対度数は 3.1+0=3.1, 3.1+6.3=9.4, 9.4+9.4=18.8 などとして求められる．これから550(kcal) 未満は全体の約41% であること，また約75% は600(kcal) 未満であることがわかる．累積度数分布については2.4節の解説も参照のこと．

度数分布表から，550(kcal) 以上600(kcal) 未満の日が11日あり，相対度数からこのような日は全体の約1/3であることがわかる．また，その前後の階級も合わせて500(kcal) 以上650(kcal) 未満とすると全体の約72% となり，多くの観測値がこの範囲に含まれていることがわかる．

§2.2　ヒストグラムと度数分布多角形

度数分布をグラフ化する方法の1つに**ヒストグラム**がある．ヒストグラムでは横軸に変数の値を取り，それぞれの階級の区間上に**面積が度数と比例す**るように長方形を描く．特にすべての区間の幅が同一のときは，長方形の高さは度数に比例する．

図2.1は，32日間のエネルギー量をヒストグラムで表したものである．これから650(kcal) 以上の日は1日だけであること，500(kcal) 未満の日は8日

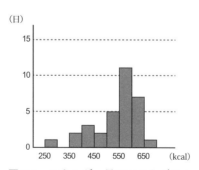

図**2.1**　エネルギー量のヒストグラム

あり，特にエネルギー量の低い日が1日あることなどがわかる。

例題 2.1　表 2.1 の学校給食のデータを使って，最初の階級の下限が 200(kcal)，階級幅が一定で 100(kcal) となるように階級を決めて，度数分布表を作りヒストグラムを描け。

（答）

階級			度数	相対度数
以上		未満		(%)
200	～	300	1	3.1
300	～	400	2	6.3
400	～	500	5	15.7
500	～	600	16	50.0
600	～	700	8	25.0
合計			32	100.0

注：四捨五入の関係で合計は 101.0 となる。

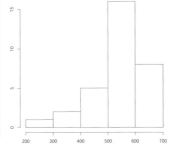

　最初の階級を 200(kcal) 以上 300(kcal) 未満として，それ以降についても同じように階級幅が 100(kcal) となるように階級をつくると，度数分布表とヒストグラムは上のようになる。これを見ると，図 2.1 の**ヒストグラム**のような不規則な変化はなくなって，度数は 500〜600(kcal) の階級で最大となり，その両側の階級では次第に度数が小さくなっていく様子が読み取れる。

　一般に，階級幅を小さくするとそれぞれの階級に入る度数が小さくなるため全体的な傾向がつかみにくくなり，階級幅を大きくすると，大きな傾向は見えるが細かな分布の形状を見つけにくくなる。そのため，データの大きさ n を考慮しながら，いくつかの度数分布表やヒストグラムを描いて，全体的な傾向を示すものを選択する。ほとんどのデータでは，階級の数は 5〜15 程度が適当である。小さな n の場合は，階級の数は 5〜10 程度が適当であるが，いくつか試してみて，適切な階級の数を決めることが望ましい。

ティータイム ・・・・・・・・・・・・・・・・・● 階級幅の違うヒストグラム

　下のヒストグラムは，総務省「家計調査」に基づいて世帯別の**年間収入**の分布を表したものである。このヒストグラムでは，金額によって階級の幅は異なっている。階級の幅が一定でないヒストグラムの場合に，長方形の高さを度数に比例させて描くと，階級幅の大きな階級ほど長方形が大きくなり，分布に関して誤った印象を与える。ヒストグラムでは，度数と長方形の面積が比例するように長方形の高さを設定する。階級幅が異なる場合には注意が必要である。この図の縦軸の目盛りは面積の合計が1になるように設定されている。

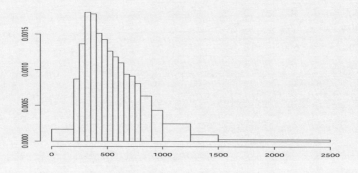

図 2.2　年間収入（単位万円），総務省「家計調査」2017年

§2.3　分布の特徴の把握

　ヒストグラムを描く目的は，量的な変数の分布の特徴を把握することである。具体的には，分布の中心はどのあたりか，散らばりはどの程度の大きさか，全体として左右対称かあるいはどちらかのすそが長い分布か，などの特徴を知ることができる。

　図2.3は，100点満点試験の例である。平均点はAが20点，Bが50点，Cが80点と難易度が違っている。このような場合に，分布の形が異なること

が多い。A，Cを，それぞれ「右のすそが長い分布」，「左のすそが長い分布」
と呼ぶこともある。

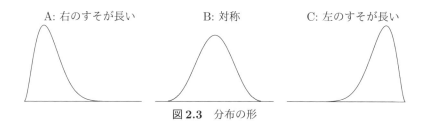

図2.3 分布の形

図2.4は，東京都内のある大学の男子学生324人の身長のデータの分布で
ある。この**ヒストグラム**を見ると，172cmの近辺を中心にほぼ**左右対称な分
布**をしている。身長のほかにも，胸囲，足の大きさなど左右対称なひと山の
分布をする変数の例は多く，これらは7章で説明する**正規分布**に近い。

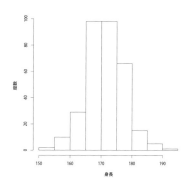

図2.4 男子学生324人の身長の分布

しかし，すべての結果がこのように左右対称の分布をするわけではない。
たとえば，2.2節のティータイムで紹介した**年間収入**のデータは右のすそが
非常に長い。

ひと山ではなく2つの山が見られる場合は，異なる集団の観測値が混在し
ている可能性がある。たとえば，中学校2年のボール投げに関する図2.5の
左（全体）は男女それぞれ100人をあわせた結果で，2つの山が見える。し
かし，男子と女子に分けると，1つの山を持った分布となる。

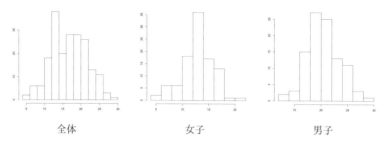

全体	女子	男子

図 2.5　ボール投げ，中学2年生（2018年文部科学省の調査に準じて作成）

データには，極端に小さいか，または極端に大きい観測値である**外れ値**が含まれることがある。たとえば，ある学級の小学生の体重のデータに，誤って先生の観測値が含まれるときに大きな外れ値が現れる。また，ある鉄道を利用する乗客数の日ごとのデータに，大きな事故があった日の観測値が含まれると小さな外れ値となる。教員の体重のように誤った観測値の場合は外れ値を除外すればよいが，乗客数の場合は小さな事故，中程度の事故など，判断が難しい。外れ値の判断と対応方法については3.4節で改めて触れる。

ヒストグラムや，2.6節と3.4節で説明する箱ひげ図を描くことによって，さまざまな分布の特徴を把握することができる。このようなグラフによる視覚的な判断は重要であるが，それに加えて，分布の特徴を把握するため，いくつかの尺度が考えられている。これらのうち，四分位範囲については2.5節，平均値や中央値などの位置を表す尺度および標準偏差などの散らばりを表す尺度については，3章で解説する。

§**2.4**　分位数と5数要約

この節では分布の形を表現する手法について，やや詳しく解説する。

分位数

グラフや表から大まかな情報は得られるが，正確な値を図表から読みとることは容易ではない。もう少し詳細に分布の形状を明らかにするために**分位**

数（または**分位点**）が用いられる。分位数とはデータを小さい方から大きさの順に並べ，データ全体をいくつかのグループに観測値の個数で等分した際の境界となる値である。データ全体を4等分した場合の**四分位数**（**四分位点**，または単に**四分位**とも呼ばれる）はよく使われる。

最初の境界値を**第1四分位数**（Q_1 と表す），次の境界値を**第2四分位数**（Q_2 と表すこともあるが，3章で解説する**中央値** M と等しい），次の境界値を**第3四分位数**（Q_3）と呼ぶ。4等分ではなく，データ全体を100等分する99個の点は第1百分位点から第99百分位点と呼ばれる。百分位点は1パーセント点，99パーセント点などと呼ばれることも多い。

累積度数分布

2.2節で説明したように，度数分布をグラフにしたものが**ヒストグラム**であるが，累積（相対）度数分布をグラフにすると図2.6の上段の「**長方形の上辺**」の部分になる。この図は，下段のヒストグラムにある長方形を，対応する位置に記したものである。

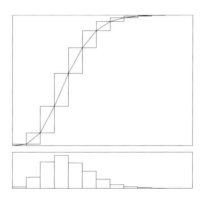

図 2.6 ヒストグラムと累積度数分布（n が小さい場合）

この図でわかるように，累積度数分布のグラフは，ヒストグラムの各階級の長方形の左下を，その前の階級の長方形の右上に重ねるように積み上げたものであり，階段状に変化する。

　横軸の変数の値を x として，累積度数分布のグラフの高さを $F(x)$ と表すと，$F(x)$ は「x 以下となる観測値の度数（または相対度数）の合計はいくらか」という問いに対する答えとなっている。図2.6は，観測値の個数（データの大きさ）n がそれほど大きくない場合の例であるが，このような場合には，**累積度数分布**は図に示した折れ線（長方形の対角線）で描くことも多い。折れ線は，各階級の中に等間隔で多数の観測値が出現しているとみなした場合に得られる $F(x)$ を与えていることになる。

　ヒストグラムと累積度数分布との関係は，観測値の個数 n が非常に大きく，階級の幅が小さい場合にはより明確になり，図2.7のようになめらかなヒストグラム $f(x)$ が得られる。なお，この図では相対度数を表示している。

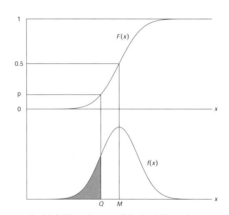

図 2.7　相対度数分布と累積相対度数分布の関係

　ヒストグラムで影をつけた部分の面積は，観測値 x が $x \leqq Q$ となる割合を表している。累積相対度数分布のグラフをヒストグラムの真上に描くと，$F(Q) = p$ が影の部分の面積，すなわち割合を示すことになる。逆に図2.7の上段で縦軸を p とすると，$F(x) = p$ となるような横軸の値は $x = Q$ となることが読み取れる。これが一般的な**分位数（分位点）**の定義である。たとえば $p = 0.2$ なら対応する Q は20パーセント点，$p = 0.5$ なら対応する M は**中央値**である。

　分位数を用いることで大まかな分布の形状を把握することができ，分布が左右対称か，あるいはどちらかのすそが長いかなどを知ることができる。たとえば，母子健康手帳のデータを集めれば乳幼児の身長や体重の上位5%，下位5%の値を知ることができる。政府の作成する統計として，総務省が実施する家計調査では，全国の世帯について所得の五分位数や十分位数の値が公表されており，世帯の所得分布の把握などに使われている。

　分位数を計算する方法はいくつか提案されている。たとえば高等学校の教科書では，観測値を小さい順に並べ，まず**中央値** M（すなわち第2四分位数）を求める。つぎに中央値より小さい部分のデータを考え，この部分の中央値を第1四分位数 Q_1 とし，同様に中央値より大きい部分の中央値を第3四分位数 Q_3 とする。上下2つの部分に分割する際，データの大きさ n が偶数なら明確であるが，奇数のときは，中央値を含めるか含めないかで微妙に異なる結果が生じる。分位数の求め方にはいくつかの異なる手法があるが，n が大きいときは手法による差はほとんどないため，計算方法よりも意味を理解することが重要である。なお最小値，第1四分位数，第2四分位数（中央値），第3四分位数，最大値の5つの数をまとめて，**5数要約**と呼び，分布の形状を判断するために用いられる。

　左右対称に近い分布では M は Q_1 と Q_3 の真ん中にある。また多くの外れ値が存在しなければ5%点と95%点も中央値 M に関して対称に近い位置にある。逆に，もし $Q_3 - M$ が $M - Q_1$ よりも大きければ，右のすそが長いことが予想される。

例題 **2.2**　　ある学校の生徒について，ある日の通学時間（分）を集計して，次の表の結果を得た。このデータの**中央値**はいくらか。またこのデータでヒストグラムを描いた場合，どのような形になるか，A, B, Cの中から最も適当なものを選べ。

最小値	7 分
第 1 四分位数	12 分
第 2 四分位数	18 分
平均値	25 分
第 3 四分位数	28 分
最大値	57 分

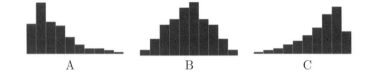

（答）

　中央値 M は第 2 四分位数と同じもので，表から 18 分である。一方，第 1 四分位数（Q_1）と M の差は 6 分，M と第 3 四分位数（Q_3）との差は 10 分となっていること，最小値と M の差は 11 分，M と最大値の差は 39 分となっていることから，分布は左右対称ではなく，右のすそが長いと判断できる。これから 3 つのグラフのなかでは A のヒストグラムがこのデータの概形を示していると考えられる。なお，平均値は 25 分となり，中央値 M の 18 分よりかなり大きいことも，この分布の形に関するヒントとなっている。平均値の定義および中央値との関係については 3 章で解説する。

§ **2.5**　データの散らばり

　あるファストフードチェーンの S サイズのドリンクは 150(ml) とポスターに書かれていた。このチェーン店の A 店と B 店の 2 店舗でそれぞれ 30 個を調べたところ，次の表 2.3 のデータが得られた。

表 2.3

	A 店 (ml)	B 店 (ml)
最小値	121	140
第 1 四分位数	138	146
第 2 四分位数	148	149
平均値	150	150
第 3 四分位数	164	153
最大値	182	156

平均値はいずれも 150(ml) であるがデータの散らばりの程度は異なっている。このような商品の場合，同様のサービスを提供するためには，散らばりの程度を小さくすることが望ましいであろう。

データの散らばり（あるいはばらつき）の程度を測る尺度はいくつか考えられる。そのうちの 1 つは，最大値と最小値の差として定義される**範囲**またはレンジであり，記号では R と書く。上記の A 店については最大値 182(ml)，最小値 121(ml) だから，範囲は $R = 182 - 121 = 61$(ml) である。

範囲は品質管理などで利用されるが，外れ値があると大きく影響される。そのため，安定的な散らばりの尺度としては，**四分位範囲** (Inter Quartile Range, **IQR**) と呼ばれる $Q_3 - Q_1$ を用いることが多い。上記の A 店の四分位範囲は IQR= $164 - 138 = 26$(ml) である。この尺度は，中央値に近い全体の半数の観測値を含む長さと考えることができる。データの中央に近い観測値は，外れ値の影響をほとんど受けないから，四分位範囲も比較的外れ値の影響を受けない。なお IQR/2 を四分位偏差と呼ぶことがある。

範囲と四分位範囲はいずれもその値が大きいほど観測値が散らばっていること，値が小さいほど狭い範囲に観測値が集まっていることを意味する。

> 例題 **2.3** 表 2.3 から B 店の範囲と四分位範囲を求め，A 店と B 店を比較せよ。

（答）

B 店の範囲は，$R = 156 - 140 = 16$(ml)，四分位範囲は IQR= $153 - 146 = 7$(ml)。A 店と B 店の範囲と四分位範囲を比較すると，両方とも B 店の方が

A店よりも小さく，商品の量の散らばりが小さい。

§ **2.6** 箱ひげ図

　ヒストグラムと同様に，分布を表現する手法に**箱ひげ図**と呼ばれるグラフがあり，詳しくは3.4節で解説する。最も簡単な箱ひげ図では，図2.8のように，ひげの端で最小値と最大値を，箱の両端で第1四分位数と第3四分位数を表す。ヒストグラムと同様の情報を表すものであるが，箱ひげ図を作成する作業は，ヒストグラムとくらべてはるかに簡単である。

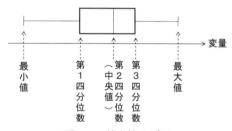

図**2.8**　基本箱ひげ図

　定義からひげの両端の間の長さが範囲を表し，箱の長さが四分位範囲を表す。左または右のすそが長い場合と対称な場合について，箱ひげ図と**ヒストグラム**の対応は図2.9のようになる。なおp.46の箱ひげ図についての注意に記すように箱ひげ図は，複数の山をもつ分布の場合は，それらの山を表すことができない。複数の山を持つ分布は特殊であるが，そのようなデータの場合には注意が必要である。

並行（並列）箱ひげ図

　2つの集団の所得についてその分布を比較する場合，ヒストグラムを上下に並べて描くことで，それぞれの集団の平均値・中央値などの違い，および散らばりの程度はある程度把握することができる。その際，2つのヒストグラムの横軸は同じ単位で上下をそろえるように描く必要がある。都市部と郡部の比較，20年前と最近の比較であれば，このようなグラフは有用である。

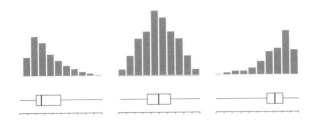

図 2.9　箱ひげ図とヒストグラム

　しかし，小学校の児童について，身長や 50m 走などが，学年とともにどのように変化していくか，多数の分布を比較するためにヒストグラムを用いると，一覧性の点でやや無理がある。同様に，四季によって気温がどのように変化するかを見るために，1 月から 12 か月までのヒストグラム 12 個を，分布の違いが分かるように並べて表示することは容易ではない。このような場合に，箱ひげ図は有効な手法である。次の例題 2.4 のように，同じグラフに複数のデータの箱ひげ図を並べて描くことによって，多数の集団の比較が容易に行える。このように複数の箱ひげ図を同時に描いたものを**並行**（並列）**箱ひげ図**と呼ぶことがある。

例題 2.4　次の図は 2009 年 7 月の 3 つの地域の日平均気温のデータの箱ひげ図である。箱ひげ図から読みとれるそれぞれの地域の特徴を比較せよ。

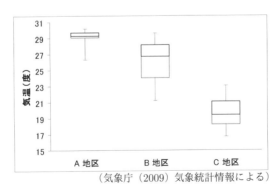

（気象庁（2009）気象統計情報による）

（答）

　A地区は他の地区に比べて**四分位範囲**（箱の長さ）が非常に短い。これは気温の差があまりない日が半数程度あることを示している。B地区とC地区はA地区とは大きく異なって，A地区，B地区，C地区の順で中央値の値が小さくなっている。またB地区の四分位範囲はC地区の四分位範囲より若干大きいし，範囲（最大値と最小値の差）も同様である。

――――――― **ティータイム** ―――――　・・・・・・・・・・・・・・・・・・・・・・・・・・ ● **分位点の計算方法**

　2.4節で解説した分位点の概念は n が大きいときには明確であるが，現実的なデータで n がそれほど大きくない場合には，分位点を求めるのに工夫が必要となる。すでに指摘したとおり，最も簡単と思われる中央値についてさえ，n が偶数の場合と奇数の場合では違っている。箱ひげ図や幹葉図（幹葉表示）は，外れ値の影響が少ない実用的な手法として開発されたものである。したがって3.4節で紹介する通り，本来の箱ひげ図で用いられたヒンジ（四分位に相当する値）には簡易な計算法が用いられている。実用上は，ヒストグラムが滑らかとなる程度に n が大きければ，これらの手法はほとんど差がないので，それほど気にすることはない。

箱ひげ図についての注意

　分布の基本的な情報をグラフ化したものが**箱図** (boxplot) または**箱ひげ図** (box-and-whisker plot) である。2.6節で説明したものは**基本箱ひげ図** (skeletal boxplot) と呼ばれ，図2.8のように Q_1, M, Q_3 を表す箱から，最大値，最小値までひげを伸ばしたものである。これに対して3.4節で紹介するとおり，通常の箱ひげ図では，外れ値が表示される。

　これまでに見たように，一般的な，山が1つだけである分布を要約するためには，箱ひげ図は便利な手法である。しかし，複数の山を持つ，特殊な分布の場合には注意が必要であり，このような特殊な分布では十分な情報を集約できないことがある。

　山が2つある分布の有名な例として，図2.10にアメリカのイエローストーン国立公園にある**間欠泉**で観測された，噴出と噴出の間の時間（分）につい

てのヒストグラムと箱ひげ図を示す。

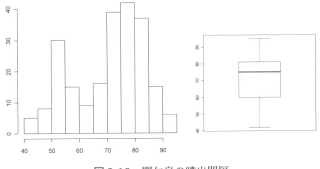

図 2.10 間欠泉の噴出間隔

　この例では間欠泉の空洞内にためられた水が，噴出後にどの程度残っているかによって，2つのタイプがあることが知られている。**ヒストグラム**を見れば山が2つあることがわかるが，**箱ひげ図**では複数の山を表現することはできていない。

■■■　練習問題　　　　　　　　　　　　　（解答は **205** ページです）

問 **2.1**　あるクラスで通学時間を調べたところ，次のような度数分布
表が得られた。

通学時間（分）			度数
以上		未満	
0	～	2	3
2	～	4	7
4	～	6	10
6	～	8	6
8	～	10	2
10	～	12	3
12	～	14	2
14	～	16	1
16	～	18	0
18	～	20	1
合計			35

（1）この分布からわかることとして，適切でない記述を次
の①～⑤のうちから一つ選べ。

① 最も度数の大きい階級は，4～6（分）である。

② 通学時間が 10 分以上の生徒は 7 人である。

③ 2～4（分）の階級の相対度数は 0.2 である。

④ 通学時間が 2 分以上 8 分未満の生徒の割合は，約 66% で
ある。

⑤ 半数以上の生徒は，通学時間は 5 分以下である。

（2）この度数分布表をそのまま使って描かれたヒストグラムと
して最も適切なものを，次の①～④のうちから一つ選べ。

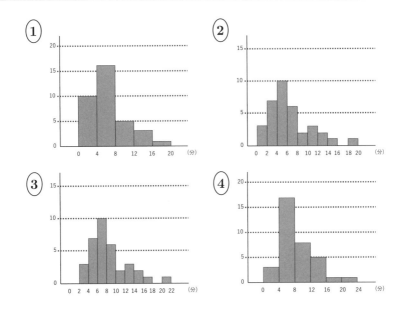

問 2.2　ある小学校の卒業生を対象に，卒業までに図書館から借りた本の冊数を調査した結果，次のデータを得た（回答数は $n = 95$）。ただし，min は最小値，max は最大値を表す。

min	Q_1	Q_2	$\bar{x}$	Q_3	max
1	9	12	18	23	126

この結果から次の 2 つのことを考えた。

A：卒業までに過半数の児童が 18 冊以上の本を図書館から借りた。

B：過半数の児童は借りた本の冊数が平均値より少なかった。

このとき，2 つの考えについて適切な組合せは次の ① 〜 ④ のうちどれか。

① A も B も正しい　　② A のみ正しい

③ B のみ正しい　　④ A も B も正しくない

問**2.3**　ある大学で統計学の試験を行った結果，次の累積相対度数グラフを得た。

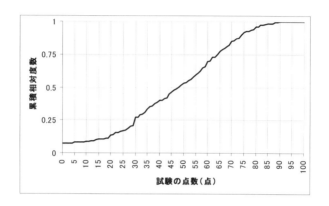

この図からわかることは何か。下の ① ～ ⑤ のうちから最も適切なものを一つ選べ。

A：0点を取った人がいる。
B：100点を取った人がいる。
C：四分位範囲は30点である。

① A のみ正しい　② B のみ正しい　③ C のみ正しい
④ すべて正しい　⑤ すべて正しくない

問**2.4**　あるインターネットのショッピングサイトにおける顧客100人の過去1年間の購入金額について，次の表の結果が得られた。

四分位数	第1四分位数	第2四分位数	第3四分位数
金額（円）	2,500	10,000	55,000

この表から読み取れることとして，次の ① ～ ④ のうちから最も適切なものを選べ。

(1) 過半数の顧客の購入金額は 10,000 円未満である。

(2) 10 万円以上購入した顧客はいない。

(3) 顧客を購入金額の小さい順で並べ替えたところ，25 番目の人は 2,500 円購入していた。

(4) 顧客を購入金額の大きい順で並べ替えたところ，20 番目の人は 55,000 円以上購入していた。

問 2.5　A と B の 2 つのグループでハンドボール投げを実施した結果が，次の図である。

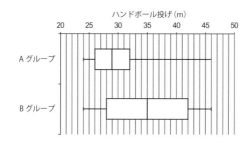

この図から読み取れることとして，下の (1)〜(4) のうちから最も適切なものを一つ選べ。

I:　A グループよりも B グループの範囲が大きい。

II:　A グループよりも B グループの四分位範囲が大きい。

(1) I のみ正しい　　(2) II のみ正しい
(3) 両方とも正しい　(4) 両方とも正しくない

問 2.6 ある店で過去30日間，毎日の来店者数を調べて，次のヒストグラムが得られた。

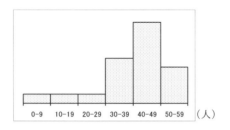

元のデータを箱ひげ図で表した場合，下の①〜⑤のうちから最も適切なものを一つ選べ。

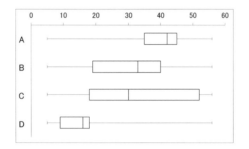

① ヒストグラムと箱ひげ図は全く異なるため，大まかであっても判断できない。

② 元のデータを箱ひげ図で描くと，上の箱ひげ図の中ではAが近いといえる。

③ 元のデータを箱ひげ図で描くと，上の箱ひげ図の中ではBが近いといえる。

④ 元のデータを箱ひげ図で描くと，上の箱ひげ図の中ではCが近いといえる。

⑤ 元のデータを箱ひげ図で描くと，上の箱ひげ図の中ではDが近いといえる。

問 **2.7**　（平成 29 年度大学入試センター試験問題より：出題形式等を
一部変更）

スキージャンプは，飛距離および空中姿勢の美しさを競う競技
である。選手は斜面を滑り降り，斜面の端から空中に飛び出す。
飛距離 D（単位は m）から得点 X が定まり，空中姿勢から得
点 Y が決まる。ある大会における，29 名の選手が 2 回ずつ行っ
た，計 58 回のジャンプについて考える。

(1) 1 回目の $X+Y$（得点 X と得点 Y の和）の値に対するヒス
トグラムと 2 回目の $X+Y$ の値に対するヒストグラムは図 1 の
A，B のうちのいずれかである。また，1 回目の $X+Y$ の値に
対する箱ひげ図と 2 回目の $X+Y$ の値に対する箱ひげ図は，図
2 の a，b のうちのいずれかである。ただし，1 回目の $X+Y$ の
最小値は 108.0 であった。

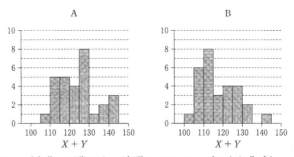

図 **1**　（出典：国際スキー連盟の Web ページにより作成）

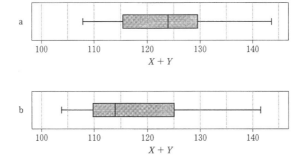

図 **2**　（出典：国際スキー連盟の Web ページにより作成）

1回目の $X+Y$ の値について，ヒストグラムおよび箱ひげ図の組合せとして正しいものを，次の (**1**) ～ (**4**) のうちから一つ選べ。

(**1**) ヒストグラム：A　箱ひげ図：a
(**2**) ヒストグラム：A　箱ひげ図：b
(**3**) ヒストグラム：B　箱ひげ図：a
(**4**) ヒストグラム：B　箱ひげ図：b

(2) 図2から読み取れることとして正しいものを，次の (**1**) ～ (**4**) のうちから一つ選べ。

(**1**) 1回目の $X+Y$ の四分位範囲は，2回目の $X+Y$ の四分位範囲より大きい。

(**2**) 1回目の $X+Y$ の中央値は，2回目の $X+Y$ の中央値より大きい。

(**3**) 1回目の $X+Y$ の最大値は，2回目の $X+Y$ の最大値より小さい。

(**4**) 1回目の $X+Y$ の最小値は，2回目の $X+Y$ の最小値より小さい。

3. 1変数データの分析

■■■■　Key Words

- 位置の尺度：平均値（平均），中央値，最頻値
- 偏差，平均偏差，分散と標準偏差
- 変動係数
- 変数の変換（1次式による変換）と平均値，分散，標準偏差
- 標準化（基準化）
- 探索的データ解析と外れ値

§ 3.1 位置に関する代表値

　量的変数の分布を調べる際には，観測値を度数分布表やヒストグラムに表すことによって，全体的な特徴をつかむことができた。本節では分布の中心的な位置を1つの数字で表す方法を紹介する。

　量的変数について，何らかの意味で分布の中心と考えられる尺度を位置の代表値と呼ぶ。最も広く用いられている代表値に，平均値，中央値，最頻値の3つがある。

平均値

　平均値（平均ともいう）は，広く用いられる位置の代表値である。変数 x が $x_1, x_2, \cdots, x_n$ という値をとるとき，その平均値を $\bar{x}$ と表し，エックスバーと読む。変数 x の平均値 $\bar{x}$ は次の式で定義される。

$$\bar{x} = \frac{観測値の合計}{観測値の個数} = \frac{x_1 + x_2 + \cdots + x_n}{n} = \frac{1}{n} \sum_{i=1}^{n} x_i$$

ここで用いた総和記号 $\sum$ については A.1 で解説している。

　ある会社の社員5人の月収が

$$265, 280, 292, 294, 311 \,（千円）$$

なら，この $n = 5$（人）の月収の合計は 1,442（千円），平均値は 288.4（千円）となる。これは，5人が収入を均等に分け合うときのひとりあたりの金額となる。このように，平均値は比較的意味をとらえやすく，計算も容易であることから，分布の中心の位置の代表値として用いられることが多い。

　一般の場合には，身長など，ひとりあたりに分けるという解釈ができない変数もある。しかし，図2.4 に示す男子学生の身長データの分布のように，山が1つでほぼ左右対称の場合には，平均値は最も度数が大きい分布の中心に近い。この意味で平均値は分布の中心的な位置の尺度とされる。

　しかし，左右対称でない分布では，平均値を分布の中心的な位置と解釈しにくい場合もある。たとえば，図2.2 に示した年間収入の分布は左右対称で

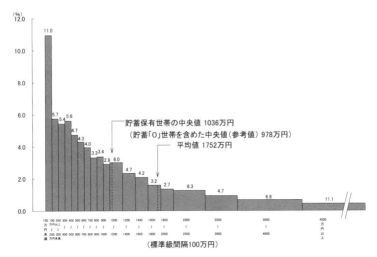

図 3.1　貯蓄現在高の世帯分布（総務省「家計調査」2018年）

はなく，右のすそが長い。図 2.2 では 500 万円程度の世帯が最も多いが，平均値を計算すると 608.9 万円となり，この例では平均値が分布の中心であるとは言いにくい。図 3.1 に示す貯蓄の分布は，所得分布よりさらに右のすそが長い。この図では平均値の 1752 万円の近くに多くの世帯があるとは言えないし，全世帯で貯蓄を再分配するわけでもないが，国全体としての平均的な豊かさを表す水準としては意味がある。

　また，**平均値は，外れ値の影響を強く受ける**ことにも注意が必要である。先ほどの社員 5 人に，月収が 2600(千円) である管理職 1 人を加えた 6 つの観測値

$$265, 280, 292, 294, 311, 2600 \ (千円)$$

の平均値を計算すると 673.7(千円) と，大きく変化する。この例では，6 人のうちに平均値に近い月収がある人はいない。

　以上のように，右のすそが長い分布や外れ値が存在する分布の場合には，平均値の解釈には注意が必要である。

中央値

　分布の中心を表すもう 1 つの尺度に**中央値**（中位数またはメジアン，メ

ディアンともいう）がある。これは，観測値を大きさの順に並べたときに真
ん中に位置する観測値の値であり，記号では M または m が用いられる。2.4
節に記した通り，M は Q_2 と等しい。

　社員5人の月収については，真ん中は3番目の 292(千円) であり，これが
中央値である。管理職を加えた6人の月収なら，3番目と4番目の間を取っ
て，$(292+294)/2=293$ を中央値とする。

　一般に，n 個の観測値 $x_1, \cdots, x_n$ を小さい順に並べたものを

$$x_{(1)} \leqq x_{(2)} \leqq \cdots \leqq x_{(n)}$$

とするとき，n が奇数の場合には真ん中の $x_{((n+1)/2)}$ を中央値とし，n が偶数
の場合には $n/2$ 番目と $n/2+1$ 番目の平均値 $(x_{(n/2)} + x_{(n/2+1)})/2$ を中央値
とする。図3.1の貯蓄のデータでは，中央値は 1036 万円と，平均値よりかな
り小さくなる。これは右のすそが長い分布の特徴である。

　中央値は，ほとんど**外れ値**に影響されない。月収の $n=5$ 個の観測値に外
れ値を加えたときの変化をみても，$n=5$ のときは 292(千円)，外れ値を含
めたときは 293(千円) と，小さな変化しかない。このように，外れ値の有無
にほとんど影響されないという点で，平均値とは大きく異なる性質をもって
いる。

最頻値

　最頻値（モードともいう）は，最も頻繁に出現する値を意味している。世
帯人員数のように離散変数の場合にはその定義は明確である。連続変数の場
合でも，図2.2で示した年間収入や，図3.1の貯蓄の分布のように n が大き
く，ヒストグラムがなめらかな場合には，最頻値はヒストグラムが最も高く
なる値となる。

　n がそれほど大きくない連続変数の場合には，複数の同じ値を取ることは
少ないため，適当な級間隔を用いて作成した度数分布によって，ヒストグラ
ムの高さが最も高い階級の代表値を最頻値とすることが多い。しかし，n に
くらべて級間隔が狭く，ヒストグラムの凹凸が激しいときには，最も度数の
大きな階級が複数出現することがある。階級の幅を極端に小さくした場合に
は，ほとんどの階級で度数は0または1となってしまう。階級の幅をある程

度広く設定するなど，最頻値の解釈には注意が必要である。

例題 3.1　下の度数分布表は，2.1 節で用いた学校給食 32 日分のエネルギー量の階級を変えたものである。これから最頻値を求めよ。

階級			度数	相対度数
以上	未満	代表値		（%）
280	～　330	305	1	3.1
330	～　380	355	0	0.0
380	～　430	405	5	15.6
430	～　480	455	2	6.3
480	～　530	505	3	9.4
530	～　580	555	7	21.9
580	～　630	605	11	34.4
630	～　680	655	2	6.3
680	～　730	705	1	3.1
合計			32	100.0

（答）

　この度数分布表で最も度数の大きい階級は 580～630(kcal) であり，この階級の代表値 605(kcal) が最頻値となる。なお，表 2.2 を用いると最も度数の大きい階級は 550～600(kcal) となり，階級の代表値 575(kcal) が最頻値となる。このように，n がそれほど大きくない場合には，度数分布表の作り方によって異なることがある。

3 つの位置の代表値の大小関係

　以上で 3 つの位置の代表値について説明した。左右対称に近いひと山の分布であれば，**平均値**，**中央値**，**最頻値**はそれほど違わない。これに対して，右のすそが長い分布では，中央値は平均値より小さくなり，最頻値は中央値よりさらに小さくなる傾向がある。図 3.2 の左は，図 2.2 と同じ対象世帯の擬似データ ($n = 392$) から作成した年間収入のヒストグラムで，右のすそが長いことから，平均値は 609 万円，中央値は 522 万円，最頻値は 340 万円となっている。対称でない分布については，3 つの位置の代表値には違いがあ

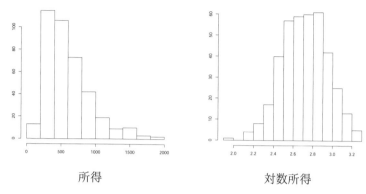

所得　　　　　　　　　　　　　対数所得

図 **3.2**　所得と対数所得のヒストグラム

り，これらの意味を理解することが大切である。

　図 3.2 の右は，所得を対数で表示したものである。所得の散らばりの尺度としては，この「**対数所得**」の標準偏差を用いることがあるので，参考としてヒストグラムを掲載した。対数所得については，この図のように，比較的左右対称な分布となることが多い。A.3 で解説する対数の意味から，対数は所得の比を考えることに相当する。つまり 100 万円と 110 万円の違いと，1000 万円と 1100 万円の違いを比べると，元の単位では $110 - 100 = 10$ と $1100 - 1000 = 100$ と，差が 10 倍になるのに対して，対数では $\log 110 - \log 100 = \log 1.1 = 0.041$ と $\log 1100 - \log 1000 = \log 1.1 = 0.041$ と等しくなる。

　ところで，きわめて右のすそが長い分布である図 3.1 の貯蓄については，**平均値**は 1752 万円であるのに対して，**中央値**は 1036 万円と，かなり異なった数値となる。**最頻値**はさらに小さく，ヒストグラムが最も高い 100 万円未満の階級の代表値は 50 万円となる。なお，この例では階級幅が一定でないため，標準級間隔 100 万円と記されているとおり，縦軸の単位は，ヒストグラムの面積が各階級の度数に比例するように記されている。図 3.1 では，平均貯蓄額より貯蓄額が少ない世帯の割合は 67.6% となり，これらの世帯では「公表される貯蓄額は高すぎる」と感じる可能性がある。これに対して，中央値であれば，多くの世帯の実感に近いとされる。このような極端な例については，最頻値の意味を正確に理解して使う必要がある。

度数分布表からの平均値の計算

集計された調査結果のように，個々の観測値は特定できず，度数分布表だけが与えられる場合に，平均値を求めたいことがある。このときは，各階級に含まれるすべての観測値は，その階級の代表値に等しいと仮定して近似的な平均値を計算する。すなわち，それぞれの階級で 代表値 × 度数 を計算し，その合計を度数の合計で割ったものを平均値とする。

階級の数を k，各階級の代表値を $m_1, m_2, \cdots, m_k$，度数を $f_1, f_2, \cdots, f_k$ とするとき，データの大きさは

$$n = f_1 + f_2 + \cdots + f_k = \sum_{j=1}^{k} f_j$$

であり，度数分布表から求めた平均値は

$$\frac{m_1 f_1 + m_2 f_2 + \cdots + m_k f_k}{n} = \frac{\sum_{j=1}^{k} m_j f_j}{\sum_{j=1}^{k} f_j}$$

と表される。例題 3.1 については，平均値は次のように求められる。

$$\frac{305 \times 1 + 405 \times 5 + \cdots + 655 \times 2 + 705 \times 1}{1 + 5 + \cdots + 2 + 1} = 540.9$$

このようにして計算した平均値は，個々の観測値が利用できる場合の（正確な）平均値の近似であるが，それぞれの観測値は，それが含まれる階級の代表値 ±（階級幅）/2 の範囲に入るので，正確な平均値は，度数分布表から計算した 平均値 ±（階級幅）/2 の範囲内にある。上の例では階級幅は 50(kcal) だから 540.9 ± 25（=515.9 以上 565.9 未満）の範囲にある。実際の観測値から計算された平均値は 540.0(kcal) であり，たしかにこの範囲に含まれている。

§ **3.2** 観測値の散らばりの尺度

範囲や四分位範囲 IQR のほかにも，データの散らばりの程度を数値化する尺度が提案されている。

　データの散らばりを考えるために，各観測値から平均値を引いた**偏差**を考える。変数を x と表すとき i 番目の観測値 x_i の偏差は

$$偏差 = 観測値 - 平均値 = x_i - \bar{x}$$

と定義される。偏差が正の値のときは $x_i > \bar{x}$，負の値のときは $x_i < \bar{x}$ を意味する。偏差が大きい観測値を多数含むデータでは，全体の散らばりが大きいと判断できそうだが，注意が必要である。すなわち，偏差の合計は常に 0 となることが，次のようにして確かめられる。

$$\sum_{i=1}^{n}(x_i - \bar{x}) = \sum_{i=1}^{n} x_i - n\bar{x} = n\bar{x} - n\bar{x} = 0$$

したがって偏差の平均値も 0 である。そこで，データ全体の散らばりを考える場合は，偏差そのものではなく，偏差の絶対値の平均値 $\dfrac{1}{n}\displaystyle\sum_{i=1}^{n}|x_i - \bar{x}|$，または偏差を平方した値の平均値 $\dfrac{1}{n}\displaystyle\sum_{i=1}^{n}(x_i - \bar{x})^2$ が利用される。前者を**平均偏差**，後者を**分散**と呼ぶ。

　なお分散の単位は観測値の平方で，平均値とは単位が異なって解釈が難しい。そこで分散の正の平方根を取り，その値を**標準偏差**と呼ぶ。記号では，分散を s^2，標準偏差を s と表すことが多い。なお，分散の定義において n で割るかわりに $n-1$ で割る定義も，理論的な問題ではよく用いられる。その理由は『統計検定2級対応　統計学基礎』で説明しているが，n が大きいときには大差がない。

　分散，標準偏差，平均偏差は，**範囲**や**四分位範囲**と同様にデータの散らばりを表し，これらの値が小さいときは，平均値のまわりに観測値が集中していることを意味している。

例題 **3.2**　ある月の2つの地区（那覇と札幌）の気温のデータが下の表のように与えられている。それぞれの分散，標準偏差，平均偏差を求め，那覇と札幌の観測値の散らばりを比較せよ。

日付	那覇	札幌	那覇の偏差	札幌の偏差	那覇の偏差の絶対値	札幌の偏差の絶対値	那覇の偏差の平方	札幌の偏差の平方
1	29.2	19.4	0.00	0.30	0.00	0.30	0.00	0.09
2	28.7	18.5	−0.50	−1.20	0.50	1.20	0.25	1.44
3	26.3	17.1	−2.90	−2.60	2.90	2.60	8.41	6.76
...	...	...	...	...	...	...	...	...
31	30.2	22.0	1.00	2.30	1.00	2.30	1.00	5.29
平均	29.2	19.7	0.00	0.00	0.60	2.00	0.81	3.31

（答）

　表の最下行と定義から，那覇地区の分散は 0.81，札幌地区の分散は 3.31 である。これから標準偏差を計算すると那覇地区は $\sqrt{0.81} = 0.90(^\circ\text{C})$，札幌地区は $\sqrt{3.31} = 1.82(^\circ\text{C})$ となる。平均偏差は，那覇地区は $0.6(^\circ\text{C})$，札幌地区は $2.0(^\circ\text{C})$ である。一部の観測値は見えないが，指標のみで考えると，3つの指標とも那覇のデータの方が小さく，札幌と比べて気温の散らばりが小さいと考えられる。

§ **3.3**　変数の変換と平均値，分散，標準偏差

変数 x の n 個の観測値を $x_1, \cdots , x_n$ とし，これらの平均値と分散を

$$\bar{x} = \frac{1}{n}(x_1 + x_2 + \cdots + x_n) = \frac{1}{n}\sum_{i=1}^{n} x_i$$

$$s_x^2 = \frac{1}{n}\left[(x_1 - \bar{x})^2 + \cdots + (x_n - \bar{x})^2\right] = \frac{1}{n}\sum_{i=1}^{n}(x_i - \bar{x})^2$$

とおく。ここで a, b を定数として $y = a + bx$ のように変数を変換したときの観測値を $y_1 = a + bx_1, \cdots , y_n = a + bx_n$ とおく。このような1次式による単位の変換は，たとえば摂氏 $(^\circ\text{C})$ で表した温度を華氏 $(^\circ\text{F})$ で表す場合に生じる。ここで y の平均値 $\bar{y}$ と分散 s_y^2 は，総和記号の性質（A.1 参照）を

用いて

$$\bar{y} = \frac{1}{n}\sum_{i=1}^{n}(a + bx_i) = \frac{1}{n}\Big(na + b\sum_{i=1}^{n}x_i\Big) = a + b\bar{x}$$

$$s_y^2 = \frac{1}{n}\sum_{i=1}^{n}(y_i - \bar{y})^2 = \frac{1}{n}\sum_{i=1}^{n}(a + bx_i - a - b\bar{x})^2$$

$$= \frac{1}{n}\sum_{i=1}^{n}(bx_i - b\bar{x})^2 = b^2\frac{1}{n}\sum_{i=1}^{n}(x_i - \bar{x})^2 = b^2 s_x^2$$

と表される。分散の正の平方根を取ると，標準偏差の間の関係は

$$s_y = |b|s_x$$

である。

　このような変数の変換は，平均値や分散を計算するために**仮平均**を用いる際にも利用できる。たとえば $n = 4$ 個の観測値 $x_1 = 95$, $x_2 = 100$, $x_3 = 105$, $x_4 = 110$ の平均値を求めることを考えよう。これらの値から仮平均 100 を引いて 5 で割ったものを $y = (x - 100)/5$ とすると，$y_1 = -1$, $y_2 = 0$, $y_3 = 1$, $y_4 = 2$ となり，y の平均値は $\bar{y} = (-1 + 0 + 1 + 2)/4 = 2/4 = 0.5$ と容易に求められる。$\bar{x}$ については，$\bar{y} = (\bar{x} - 100)/5$ を解いて $\bar{x} = 100 + 5\bar{y} = 100 + 5 \times 0.5 = 102.5$ となる。

　偏差平方和はA.1に記すとおり $\sum_{i=1}^{n}(x_i - \bar{x})^2 = \sum_{i=1}^{n}x_i^2 - n\bar{x}^2$ と変形できる。右辺の式を $x_1, \cdots, x_n$ に適用するとかえって面倒になることが多いが，仮平均を用いるときには有効である。y の偏差平方和を $\sum_{i=1}^{n}(y_i - \bar{y})^2 = \sum_{i=1}^{n}y_i^2 - n\bar{y}^2$ とすると $\sum_{i=1}^{n}y_i^2 = (-1)^2 + 0 + 1^2 + 2^2 = 6$ より，$\sum_{i=1}^{n}y_i^2 - n\bar{y}^2 = 6 - 4(2/4)^2 = 5$ だから $s_y^2 = 5/4 = 1.25$ となり，これから $s_x^2 = 5^2 \times 1.25 = 31.25$, $s_x = \sqrt{31.25} = 5.59$ と求められる。

例題 3.3　ある試験の点数について平均値が 54 点，標準偏差が 12 点であった。ここで各受験生の点数を一律に 1.5 倍したときと，一律に 15 点を加えたときの平均値と標準偏差の値を求めよ。

（答）

点数を一律に 1.5 倍すると，平均値は $1.5 \times 54 = 81$(点)，標準偏差は $1.5 \times 12 = 18$(点) となる。また一律に 15 点を加えると，平均値は $54+15=69$(点)，標準偏差は変化せず 12 点となる。

変数の標準化

2 つの集団の所得分布のちらばりを比較する場合は，平均値が大きく異なると判断が難しい。また，身長と体重など測定単位の異なる変数については，単純に平均値や標準偏差を比較することには意味がない。

このような場合，データに**標準化**または**基準化**と呼ばれる処理を施し，統一した基準で比較することがある。変数の標準化とは各観測値 x_i, $i = 1, \cdots, n$, に対して次の処理を施して z_i を求めることである。

$$z_i = \frac{観測値 - 平均値}{標準偏差} = \frac{x_i - \bar{x}}{s}$$

この処理によって標準化された値（これを **z 値**または **z スコア**と呼ぶことがある）は平均値 0，標準偏差 1 の無名数となる。

標準化の変形に，以下の式で定められる成績の**偏差値**がある。

$$50 + 10 \times \frac{得点 - 得点の平均値}{得点の標準偏差} = 50 + 10 z_i$$

この式により，偏差値は平均値 50，標準偏差 10 となるから，平均値や標準偏差が異なる科目間の得点の比較ができる。

> **例題 3.4** A 君は定期試験で，国語の点数が 60 点，社会の点数が 70 点だった。学年全体の結果は，国語は平均値 50 点，標準偏差 20 点，社会は平均値 65 点，標準偏差 15 点であった。このとき A 君は国語と社会ではどちらの方が，学年順位が高いと予想できるか述べよ。

（答）

国語と社会で A 君の偏差値を求めると，国語は $50+10\times(60-50)/20 = 55$，社会は $50 + 10 \times (70 - 65)/15 \fallingdotseq 53$ となる。成績の分布が 7.3 節で解説する正規分布に近いときは，偏差の値が大きい国語の方が，社会よりも学年順位

が高くなる。ただし，国語と社会で分布の形が違うような場合には，この予想が正しくないこともある。

変動係数

　散らばりの程度を考える際に平均値の大きさを考慮しないと誤った解釈をする恐れがある。たとえば，ある企業の従業者の年収を考えた際に管理職の年収の平均値は2千万円，標準偏差は200万円，アルバイト・フリーターの年収の平均値は100万円，標準偏差は30万円としよう。このとき管理職の年収の標準偏差のほうがはるかに大きいが，解釈として「管理職の年収の散らばりはアルバイトより大きい」と考えるのは適切とはいえない。このようなときは，**標準偏差を平均値で割った変動係数** $\mathrm{cv} = s/\bar{x}$ と呼ばれる値を用いることがある（単位は無名数となり % で表すことが多い）。この例では，管理者の変動係数は $200 \div 2000 = 0.1$，すなわち10%。アルバイト・フリーターの変動係数は $30 \div 100 = 0.3$，すなわち約30% であり，平均値に対するばらつきの程度はアルバイト・フリーターの方が大きい。

　表3.1は，総務省の実施した全国物価統計調査による結果の一部である。販売価格の小さい順に並べると，標準偏差はおおむね価格が高いほど大きく

表3.1　価格と変動係数の関係

品目	平均値 （円）	標準偏差 （円）	変動係数
運動靴（国産）	3,555	2,011	0.566
自転車（国産）	17,083	5,517	0.323
自動炊飯器	27,200	2,952	0.109
テレビ (28型)	99,622	15,461	0.155
電気冷蔵庫	209,631	30,975	0.148

なるが，変動係数は逆に小さくなる傾向が見える。このことは高額商品の購入に際して，いくつかの店舗で価格を比較して安いものを購入するという消費者の行動を反映している。安価な商品については，店を探す時間の方が負

担になる（学生なら，安い店を探す時間でパートタイムの仕事をする方が得になる）ことから，このような結果は広く観察される。**変動係数**の利用が適切となる状況に，次のような例がある。

(1)　小学生の運動能力について「走り幅跳び (m) と 50m 走（秒）」の散らばりの比較には，標準偏差では単位が異なるため，直接の比較はできない。このような単位が異なる変数の散らばりの比較に，変動係数を用いることができる。

(2)　小学校と中学校の児童・生徒について身長の散らばりを比較するときには，単位は同じでも平均値が大きく異なるため，標準偏差よりも変動係数を用いる方が適切である。

例題 3.5　ある地区の小学生の登校時間は平均値 10 分，標準偏差 5 分であり，中学生の登校時間は平均値 20 分，標準偏差 10 分だった。それぞれの変動係数を求め，散らばりの程度を比較せよ。

（答）

　このデータではそれぞれの登校時間を測定しており，標準偏差は 2 倍の違いがある。しかし，変動係数を求めると小学校は $5/10 = 0.5$，中学校は $10/20 = 0.5$ と等しく，平均値の大きさに対する相対的な散らばりは，この地区の小学校と中学校で同程度である。

§ **3.4** ［進んだ話題］探索的データ解析法と外れ値

　調査や実験によって得られたデータの分布を確認せずに平均値や標準偏差を求めることは誤った解釈につながる恐れがあるため，注意が必要である。まず，ヒストグラムや箱ひげ図などの統計グラフを用いて，データ全体の分布を確認することが大切である。このことにより，複数の分布が混ざったデータになっていないか，他の観測値と比べ大きくはずれている観測値がないかなどを検証し，場合によっては，誤って混入した観測値を除いて計算す

るなど適切なデータ分析を心がける必要がある。

箱ひげ図は，1970年代にプリンストン大学の John Wilder Tukey (1915–2000) が提唱した一連の実際的な分析手法のうち，特に簡単で広く利用されるようになったものである。化学や数学を専攻した Tukey は，それまでの形式的な数理統計学を批判して，実際のデータを分析するための有効な手法として，1961年に「データ解析の未来 (The Future of Data Analysis)」を発表した。その考え方および開発された一連の手法が，**探索的データ解析** (**EDA**, Exploratory Data Analysis) である。一言でいえば，EDA は，外れ値の影響を受けにくく，かつ実用的な一連の手法である。その中で箱ひげ図は易しい手法として最も広く利用されている。ところで，2.6節で指摘したとおり，Tukey が提案した本来の箱ひげ図では，以下に記す基準で外れ値を特定して表示する。

EDA では簡略な手法が推奨される。全体として分布の形が左右対称か，右または左のすそが長いか，長い場合はどの程度かを判断するためには，大きさ n のデータを観測値の大きさの順に並べて，中央値，四分位，八分位などに相当する数値を求める。その際，中央値は「$(n+1)/2$ 番目」の観測値と定め，その意味は，n が奇数のときは真ん中の観測値，n が偶数のときは真ん中にある2つの観測値の平均値と理解する。次に，中央値を境にして，観測値の小さい部分と大きい部分に分割し，それぞれの部分の中央値を求める。それらは通常の第1四分位および第3四分位に相当するが，EDA ではヒンジ (hinge，蝶つがい) と呼ぶ。具体的には $n' = [(n+1)/2]$ を $(n+1)/2$ を切り捨てて整数にした数値とするとき，大小のヒンジを「$(n'+1)/2$ 番目」の観測値とする。つまり，大きさ n' の2つの部分標本について中央値を求める手順を適用する。この手順によれば，n が偶数のときは大きさ $n/2$ の二つの部分に分かれるが，n が奇数のときは $(n+1)/2$ 番目の中央値は大小いずれの部分にも含まれる。統計計算ソフトウェアである R では，標準的にこの方法で2つのヒンジを計算して箱ひげ図を作成している。本書では特にこだわらず，ヒンジを用いる場合にも Q_1, Q_3 と表記する。

箱ひげ図を用いた**外れ値の基準**として，(1) 四分位点の外側で，四分位範囲 IQR の 1.5 倍より離れたもの，(2) 四分位点の外側で，四分位範囲 IQR の 3 倍より離れたもの，の2つがあるが，(1) と (2) を区別せず単に外れ値とす

ることも多い。より正確には (1) の意味の外れ値は，次のように定義される。

外れ値：　$Q_3 + 1.5\,\mathrm{IQR}$ より大きいか，$Q_1 - 1.5\,\mathrm{IQR}$ より小さい観測値

図 3.3 は，総務省が公表している 2015 年の都道府県データから「婚姻件数 (千組)」と，「サービス産業売上高 (10 億円)」(いずれも人口 1000 人あたり) を本来の箱ひげ図で表示したものである。

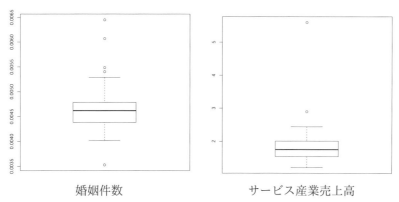

図 **3.3**　箱ひげ図と外れ値

図 3.3 の箱の高さは IQR に等しく，上下には IQR × 1.5 の範囲にある最大・最小の観測値まで，ひげが描かれている。2 つとも，上のひげが下のひげより長いのは，最大値・最小値までの距離が異なるためである。ひげの外側に記されている ○ が外れ値を表している。

売上高では 2 個の大きな外れ値が示されている。これらは東京と大阪であり，経済活動の規模が大きいことを表しているが，分析から除外する理由は特にない。もちろん，誤った観測値ではない。

婚姻件数では上下に合わせて 5 個の外れ値が存在する。最大は沖縄，つぎに大阪であり，小さな外れ値は秋田である。このような場合は，外れ値がどのような原因で発生するのかを考えることが大切である。今の例では，結婚適齢期の人口を反映するために，試みに 25〜35 歳人口 1000 人あたりの婚姻件数について作成した図 3.4 を見ると，ここには外れ値は存在していない。このことから，上の図の婚姻件数で**外れ値**が出現したのは，各地域における年齢構成の違いが反映されたものであると言える。

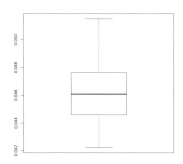

図 **3.4** 婚姻件数/(25〜35 歳人口) の箱ひげ図

外れ値の検出と対策

　分布が対称でない場合には，箱ひげ図による形式的な**外れ値**の検出は有効ではない。図 3.5 は図 2.2 で扱った世帯の所得について，擬似的なデータ($n = 392$) を用いた箱ひげ図である。左は**所得**，右は所得の対数（**対数所得**）を示している。

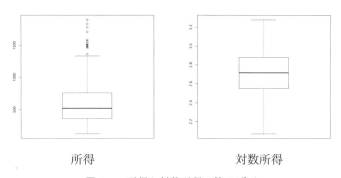

所得　　　　　　　　　　対数所得

図 **3.5**　所得と対数所得の箱ひげ図

　図 3.5 左の所得のように，右のすそが長い分布では多数の外れ値が検出されるが，それらは誤った観測値ではなく，単純に分析から除外することは不適当である。

　EDA では，対数変換などを用いて変数を適当に変換して分布を対称に近づけた上で，箱ひげ図を参照しながら外れ値を特定することを勧めている。この例では対数変換によって，分布が対称に近づいているが，外れ値はほと

んど存在していないことがわかる。つまり，所得の分布は右のすそが長いた
め，形式的な基準を用いると，正しい観測値が外れ値とされたのである。

　このような対称化を行った上で，なお平均値に大きな影響を与える外れ値
が存在して，その原因が特定できない場合には，中央値などの**頑健な代表値**
を選択することもある。

　場合によっては，外れ値か，そうでないか判断に迷うこともある。そのよ
うな場合も含めて，**EDA** では，分析の結果が外れ値に大きく依存しないよ
うな手法が提案されている。このような手法は，**頑健** (robust) と呼ばれ，例
えば**平均値**は外れ値に敏感であるが，**中央値**は頑健である。したがって，対
称な分布であれば，平均値と中央値を比較することが望ましい。あまり違い
がなければどちらを利用してもいいし，一方で，違いがあれば，外れ値を探
して，それが誤った数値であれば正しい値に修正するか，削除して再度平均
値を計算する。さらに，外れ値であるかどうかの判断が難しい場合には，安
全な中央値を採用することが考えられる。このような手法を扱う分野は**頑健
統計学** (robust statistics) と呼ばれ，さまざまな手法が開発されている。

例題 3.6　次のデータはあるクラスの 20 人の登校時間を測った結果で
ある。

$$56, 24, 32, 19, 33, 60, 31, 23, 22, 87,$$
$$45, 47, 12, 28, 7, 12, 43, 32, 101, 26$$

平均値は 37.0 分，標準偏差 23.51 分，第 1 四分位数 22.5 分，第 2 四分位
数 31.5 分，第 3 四分位数 46.0 分，最小値 7 分，最大値 101 分である。
箱ひげ図を利用して外れ値を検出せよ。

（答）

　箱ひげ図に示される通り，大きい**外れ値**が 2 つある。このデータの IQR
は $46.0 - 22.5 = 23.5$ 分であり，$Q_3 + 1.5\text{IQR} = 46.0 + 1.5 \times 23.5 = 81.25$
になる。これを超える，87 分と 101 分の生徒の登校時間が外れ値となる。小
さい方の外れ値は存在しない。

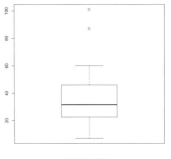

登校時間

　外れ値の原因として，遠くに住んでいるのか，その日の交通事情で時間がかかったのかによって，適切な分析は異なる。後者であれば分析から除外するのが適当であるが，前者であれば平均値と中央値を併記するか，箱ひげ図そのものを提示することが適切である。この例では，2つの外れ値を除外した場合には，平均値と中央値はそれぞれ30.67, 29.50となり，大差はないため，どちらを用いてもよい。

問 **3.1**　次は，10 人の小学生が，与えられた時間内に仕上げた課題数を調べたデータである。

5, 5, 5, 10, 10, 10, 10, 15, 20, 50　（単位：題）

このデータに関する記述として，誤っているものを次の ①〜④ のうちから一つ選べ。

① 中央値は 15（題）である。

② 平均値は 14（題）である。

③ 最頻値は 10（題）である。

④ 最大値は 50（題）である。

問 **3.2**　位置の代表値の特徴に関する記述として，適切でないものを次の ①〜④ のうちから一つ選べ。

① データの大きさ n が小さいときには，連続変数の最頻値は明確な意味をもたないことがある。

② 最大値よりも大きな観測値を 1 つ加えると，中央値は必ず大きくなる。

③ 最大値よりも大きな観測値を 1 つ加えると，平均値は必ず大きくなる。

④ 左右対称でひと山の分布をしているときには，平均値，中央値，最頻値，はいずれも近い値となる。

問**3.3**　あるクラスで先月のボランティア活動の時間を調べたところ，次のような度数分布表が得られた。この度数分布表からわかることとして，適切でないものを下の①〜④のうちから一つ選べ。

時間		度数
以上　　未満		
0　〜　2		10
2　〜　4		16
4　〜　6		5
6　〜　8		3
8　〜　10		1
合計		35

① 中央値が含まれる階級は，「2〜4」である。

② 階級の代表値を用いるとき，最頻値は3時間である。

③ この度数分布表から求めた平均値は，約3.2時間である。

④ 個々の時間から求めた平均値は，2.5時間以上4.0時間未満である。

問**3.4**　あるクラスで期末試験の得点から，次のような表を得た。

学生	点数	偏差	偏差の2乗
1	82	13.1	171.61
2	38	−30.9	954.81
…	…	…	…
20	69	0.1	0.01
合計	1378	0.0	5929.80
平均値	68.9	0.0	296.49

このクラスの得点の標準偏差はいくらか。次の①〜④のうちから最も適切なものを一つ選べ。

① 5929.80　　② 296.49　　③ $\sqrt{296.49} \fallingdotseq 17.22$

④ この情報だけでは求められない。

問 **3.5**　次の 2 つのデータはそれぞれ大きさの順に並べてあり，B の値は A の値に 15 を加えたものである。A と B で等しいものはどれか。下の ①〜④ のうちから最も適切なものを一つ選べ。

A：12, 14, 17, 23, 25, 34, 38, 39, 42, 52, 56, 58, 59, 64
B：27, 29, 32, 38, 40, 49, 53, 54, 57, 67, 71, 73, 74, 79

① 平均値のみ　　② 中央値のみ　　③ 分散

④ 平均値と中央値

問 **3.6**　次の 2 つの度数分布表について，下の ①〜④ のうちから最も適切なものを一つ選べ。

個数	A の度数	B の度数
1	30	10
2	20	20
3	10	30
4	0	0
5	0	0
6	10	30
7	20	20
8	30	10

I:　　A と B の平均値は等しい　　II:　　A と B の範囲は等しい
III:　　A と B の分散は等しい

① I のみ正しい　　　　② I と II のみ正しい
③ I と III のみ正しい　④ すべて正しくない

問 **3.7**　ある試験の平均値は 54.0 点，標準偏差は 9.0 点だった。この
とき，標準化された点数が 0 の学生の，もとの点数はいくらか。
次の ①〜④ のうちから一つ選べ。

   ① 54

   ② $54 + 9 = 63$

   ③ $50 + 54 \div 9 = 56$

   ④ この情報だけでは求められない。

問 **3.8**　あるクラスの試験において，A, B, C の 3 人を点数で小さい
順に並べるとどうなるか。下の ①〜④ のうちから最も適切な
ものを一つ選べ。

   A さん：クラスの平均値と標準偏差で点数を標準化して求
      めたところ値が 1 となった。

   B さん：点数がちょうどクラスの点数の第 1 四分位数と一致
      した。

   C さん：点数がちょうどクラスの点数の平均値と一致した。

なお今回の試験におけるクラスの点数の分布は平均値を中心に
左右対称なひと山型の分布で，平均値と中央値はほぼ一致した。

   ① A → B → C の順

   ② B → A → C の順

   ③ B → C → A の順

   ④ この情報だけでは求められない。

問 **3.9**　A さんは今度の期末試験で，国語では 56 点，数学では 45 点であった。なお，国語の平均点は 52.2 点，数学の平均点は 40.4 点，標準偏差はともに 12.1 点だった。このとき A さんの国語と数学の偏差値はどちらが大きいか。次の ① ～ ④ のうちから最も適切なものを一つ選べ。

① 国語の偏差値の方が高い。

② 数学の偏差値の方が高い。

③ 国語と数学の偏差値は一致する。

④ この情報だけでは求められない。

問 **3.10**　あるクラブで，目を閉じて片足立ちして何秒立ち続けられるかの実験を行った。10 人の測定結果（秒）は次の通りである。

$$27,\ 29,\ 87,\ 90,\ 103,\ 112,\ 119,\ 125,\ 130,\ 138$$
$$平均値 = 96.0 \quad 中央値 = 107.5$$

次の意見について，下の ① ～ ⑤ のうちから最も適切なものを一つ選べ。

I: 平均値がデータの中心と考え，「このクラブの片足立ちの測定の結果，データの中心は 96.0 秒程度と考えられる」とすることが妥当である。

II: 中央値がデータの中心と考え，「このクラブの片足立ちの測定の結果，データの中心は 107.5 秒程度と考えられる」とすることが妥当である。

III: 27 秒と 29 秒は他の観測値と比べ大きく異なることから，値の理由を確認することが望ましい。

① I のみ正しい　　② II のみ正しい　　③ III のみ正しい

④ I と III は正しい　⑤ II と III は正しい

問 **3.11** (平成 30 年度大学入試センター試験問題より：出題形式等を一部変更)

身長を H(cm)，体重を W(kg) とし，X を $X = \left(\dfrac{H}{100}\right)^2$ で，Z を $Z = \dfrac{W}{X}$ で定義する。次の表は，女子の長距離選手のグループの X と W の値の平均値，標準偏差および共分散を計算したものである。ただし，X と W の共分散は，X の偏差と W の偏差の積の平均値である。なお，表の数値は正確な値であり，四捨五入されていないものとする。

表 平均値，標準偏差および共分散

X の 平均値	W の 平均値	X の 標準偏差	W の 標準偏差	X と W の 共分散
2.75	51.1	0.200	5.36	0.754

以下の ア～ ウ にあてはまる数値を求めよ。

(1) このデータにおいて，X と W の相関係数は， ア である。([注] これは，第 4 章の範囲の問題である。)

(2) n を自然数とする。実数値のデータ $x_1, x_2, \cdots, x_n$ に対して，平均値 $\bar{x}$ を

$$\bar{x} = \frac{x_1 + x_2 + \cdots + x_n}{n}$$

とおくと，分散 s^2 は

$$s^2 = \frac{x_1^2 + x_2^2 + \cdots + x_n^2}{n} - (\bar{x})^2$$

で計算できることが知られている。

上で定義された X と H の関係を用いると，上記の表の数値より，このグループの身長のデータを各々 2 乗した値の平均値は $\boxed{イ}$ である。また，このグループの身長の平均値が 165.7cm のとき，このグループの身長の分散は $\boxed{ウ}$ である。必要ならば，$165.7^2 = 27456.49$ を用いてもよい。

4. 2変数データの分析

§4.1　2つの変数の関係

　ここまで学生の身長や体重，商品の売上げなど，1つの変数の分析方法について議論してきた。たとえば，ある試験の点数を観測した場合に，平均値や標準偏差などを求め，比較などをしてきた。以下では2つの変数を同時に考慮し，その関係を調べる。質的変数と量的変数の場合に分けて考えよう。

質的変数

　大学生の性別と住居形態のような質的データ同士の関係を調べる場合には，1.2節で説明したクロス集計表を用いると便利である。表4.1からは女子学生は男子学生に比べて自宅通学の割合が高いという特徴が読み取れる。3変数以上の表を**多重クロス集計表**と呼ぶ。

　クロス集計表を用いることにより1変数だけでは見えなかった特徴を検出することができる。たとえば表4.2では各地区で3種類の商品を扱う小売店の数がかなり異なっていることが分かる。

表4.1　大学の住居形態

	下宿	自宅
男	110	214
女	30	290

表4.2　3種類の商品を扱う小売店の数

	商品イ	商品ロ	商品ハ	合計
A 地区	25		2	27
B 地区	5	28		33
C 地区		11	12	23
D 地区			17	17
合計	30	39	31	100

量的変数

　量的な2変数の場合は，図4.1のように x 軸と y 軸に2つの変数の数値を対応させて図を描くことができる。これを**散布図**と呼び，量的変数の分析では必須の手法である。図4.1では x 軸が身長，y 軸が体重である。

　散布図において，一方の変数の値が増えたときに，他方の変数の値も増え

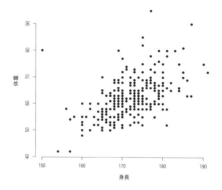

図4.1　男子大学生の身長と体重

る傾向にあるとき，2変数間には**正の相関関係**があるという。逆に一方の変数の値が増えたときに，他方の変数の値が減る傾向にあるときは**負の相関関係**があるという。またそのような関係がみられなかったときは相関関係がない，もしくは**無相関**という。それぞれ図4.2，図4.3，図4.4のような散布図になる。

　通常の相関関係では直線的な関係の強さに着目する。直線に近いとき**強い相関関係**，そうでないとき，**弱い相関関係**という。

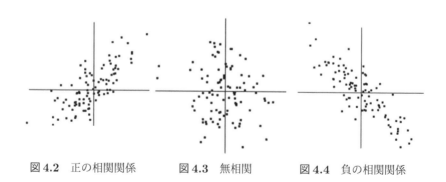

図4.2　正の相関関係　　　図4.3　無相関　　　図4.4　負の相関関係

> **例題 4.1**　　次の 2 つの変数間にはどのような相関関係があるか予想
> せよ。
> A：ワンルームの賃貸物件において，駅から物件までの徒歩時間（分）
> 　　と家賃（月額：千円）
> B：8 月の外気温（度）とある小売店の冷たい炭酸飲料水の売上個数
> 　　（個）

（**答**）

　A については，一般に他の条件が同じであれば，駅から物件までの徒歩時
間がかかると月額の家賃は下がる傾向がある。そのためこの 2 つの変数間に
は負の相関関係が予想される。B については，一般に外気温が上がると冷た
い炭酸飲料水の売上個数は増える傾向が見られる。そのため，この 2 つの変
数間には正の相関関係が予想される。

　1 変数の場合には度数分布表を作成したが，それと同様に 2 変数の場合
にも度数分布表を作成することができる。表 4.3 は，図 4.1 の散布図と同じ
データから作成した 2 変数の場合の度数分布表である。身長 x，体重 y の 2
つの変数があるが，それぞれの変数について度数分布を作成する場合と同じ
手順で階級を定める。この例では散布図だけで明瞭に関係が確認できるが，
観測値の個数が多いデータの場合は，度数分布表のような集計が役に立つ。

　なお，表 4.3 の最後の行および列に記された「計」の数値は，身長 x と体
重 y のそれぞれについて作成した度数分布表と一致する。このことから表を
2 次元の**同時分布**と呼び，この表を列方向あるいは行方向に合計して得られ
る 1 変数の度数分布を**周辺分布**と呼ぶ。

　2 変数の同時分布から，x と y（1 変数）それぞれの度数分布を導けるが，
逆に x と y の周辺分布が与えられても，2 変数の同時分布を求めることはで
きない。このことからも散布図はそれぞれの変数を別々に分析しては得られ
ない情報を持つことがわかる。

表 4.3　男子大学生の身長と体重

	150-155	155-160	160-165	165-170	170-175	175-180	180-185	185-190	190-195	計
40-45	1	1								2
45-50		1								1
50-55		4	12	17	5		1			39
55-60		3	9	23	15	6	1			57
60-65		1	5	38	38	18		2		102
65-70			2	13	23	26	5	1		70
70-75			1	5	10	10	2		1	29
75-80				1	5	4	3	1		14
80-85				1	1	1	3			6
85-90					1					1
90-95								1		1
計	1	10	29	98	98	65	15	5	1	322

§ 4.2　層別散布図

　散布図で相関関係をみることができるが，グループの情報が得られるときにはグループごとの散布図を描くことがある。

　図4.5および図4.6は学校保健統計調査平成22年度全国表より，むし歯を持つ生徒の割合について，年齢別 (9歳から17歳)，男女別に，むし歯の処置を完了している生徒の割合を横軸，未処置のむし歯を持つ生徒の割合を縦軸にとって，散布図を示したものである。

　図4.5で男女の全体でデータを見ると相関関係はみられなかった。

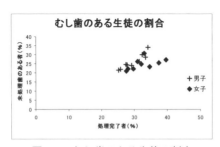

図 4.5　むし歯のある生徒の割合

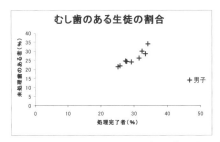 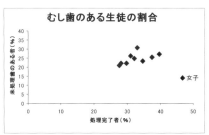

図 **4.6** むし歯のある生徒の割合（男女別）

しかし図 4.6 のように男女別々に考えると，女子には相関関係がみられないが，男子には相関関係があることがわかる。

このようにグループごとに描き分けることでデータ全体でみられなかった特徴を把握できる場合がある。図 4.5 のように 1 つの散布図にグループごとに記号を変えて，複数のグループを描いた散布図を**層別散布図**と呼ぶ。

例題 4.2　次のデータを関東（水戸市，宇都宮市，前橋市，さいたま市，千葉市，東京都区部，横浜市）と関西（津市，大津市，京都市，大阪市，神戸市，奈良市，和歌山市）のマークを別にして 1 つの散布図に描け。

地域	貯蓄（万円）	有価証券 (万円)
水戸市	1,355	240
宇都宮市	1,614	259
前橋市	1,693	230
さいたま市	2,293	366
千葉市	1,832	368
東京都区部	2,118	499
横浜市	2,342	683
津市	1,766	349
大津市	1,802	331
京都市	1,764	388
大阪市	1,863	342
神戸市	2,158	511
奈良市	2,389	554
和歌山市	1,801	325

（答）

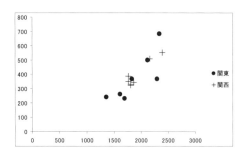

　関東のデータを「●」，関西のデータを「＋」で表すと上の散布図が得られる。x 軸は貯蓄（万円），y 軸は有価証券（万円）である。散布図から今回のデータでは，関東，関西，データ全体，それぞれで正の相関がみられる。

 # § 4.3 　相関係数

　散布図を用いると2変数間の相関関係を視覚的に見ることができた。しかし，散布図では縦軸と横軸の比を変えると情報を読み間違える可能性もある。そこで2変数の関係を数値として表す指標を考える。たとえば，2変数の関係の強さを測る指標として**共分散**がある。x, y の観測値の組からなるデータを $(x_1, y_1), \cdots , (x_n, y_n)$ とすると，2変数の**共分散** s_{xy} は以下の式で定義される。

$$s_{xy} = \frac{1}{n} \sum_{i=1}^{n} (x_i - \bar{x})(y_i - \bar{y})$$

ここで $\bar{x}, \bar{y}$ は，3.1節で定義した x, y それぞれの平均値である。したがって共分散は図4.7のように2変数それぞれの偏差 $(x_i - \bar{x})$，$(y_i - \bar{y})$ を求め，それらを2辺の長さとする長方形の面積の総和を観測値の個数 n で割ったものである。ただし，偏差の定義から，長方形の面積は，右上と左下については正，左上と右下については負になる。

　これにより平均値に対して右上と左下に多くの観測値が分布している場合，共分散の値は正の値になり，逆に左上と右下に多くの観測値が分布して

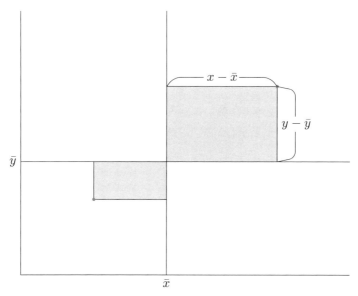

図 **4.7** 共分散の説明

いる場合，共分散の値は負の値になる。平均値を中心に左右上下にまんべんなく散らばっている場合，共分散の値は 0 に近づく。このことから，共分散は正の相関のときには正の値，負の相関のときには負の値を取ることがわかる。なお s_{xy} の定義における右辺の和は $\sum_{i=1}^{n}(x_i - \bar{x})(y_i - \bar{y}) = \sum_{i=1}^{n} x_i y_i - n\bar{x}\bar{y}$ と変形できる。

　共分散により 2 つの変数の関係の強さを測れるが，短所は変数の単位に依存して変化することである。たとえば a, b を定数とすれば，ax と by の共分散は abs_{xy} になる。この点を修正した相関関係を測る尺度として相関係数がある。x の標準偏差を s_x，y の標準偏差を s_y とするとき，**相関係数** r は以下の式で定義される。

$$r = \frac{\frac{1}{n}\sum_{i=1}^{n}(x_i - \bar{x})(y_i - \bar{y})}{\sqrt{\frac{1}{n}\sum_{i=1}^{n}(x_i - \bar{x})^2}\sqrt{\frac{1}{n}\sum_{i=1}^{n}(y_i - \bar{y})^2}} = \frac{s_{xy}}{s_x s_y}$$

ここで x と y を標準化して $u_i = \dfrac{x_i - \bar{x}}{s_x}$，$v_i = \dfrac{y_i - \bar{y}}{s_y}$ とおく。$\bar{u} = \bar{v} = 0$ であるから，u と v の共分散は

$$s_{uv} = \frac{1}{n}\sum_{i=1}^{n} u_i v_i = \frac{1}{n}\sum_{i=1}^{n}\left(\frac{x_i - \bar{x}}{s_x}\right)\left(\frac{y_i - \bar{y}}{s_y}\right) = \frac{s_{xy}}{s_x s_y}$$

になる。したがって相関係数は標準化された値同士の共分散とも考えられる。このように相関係数は x と y を標準化した u, v の共分散であることから x や y を正の定数倍したりあるいは定数を加えたり引いたりして単位を変換しても，変化しないことがわかる。これが相関係数の長所である。

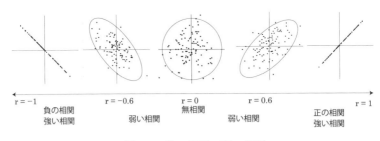

図 4.8　強い相関，弱い相関

図 4.8 のように相関係数は -1 以上 1 以下の値を取り，直線に近い関係になるほど絶対値が 1 に近づく。特に $r = 1$ のときは，すべての (x_i, y_i) が正の傾きをもつ直線上にあり，逆に $r = -1$ のときはすべて負の傾きをもつ直線上にある。

例題 4.3　貯蓄（万円）と所有有価証券（万円）について，関東 7 都市の平均が次のように得られた。

関東	貯蓄(万円)	有価証券(万円)	貯蓄偏差	証券偏差	貯蓄平方偏差	証券平方偏差	貯蓄偏差×証券偏差
水戸市	1355	240	−537.4	−137.9	288829.47	19004.59	74088.37
宇都宮市	1614	259	−278.4	−118.9	77522.47	14127.02	33093.22
前橋市	1693	230	−199.4	−147.9	39771.76	21861.73	29486.94
さいたま市	2293	366	400.6	−11.9	160457.47	140.59	−4749.63
千葉市	1832	368	−60.4	−9.9	3651.61	97.16	595.65
東京都区部	2118	499	225.6	121.1	50882.47	14675.59	27326.37
横浜市	2342	683	449.6	305.1	202114.47	93112.16	137183.51
合計	13247	2645	0.0	0.0	823229.71	163018.86	297024.43
平均値	1892.4	377.9	0.0	0.0	117604.2	23288.4	42432.1
				上の値の平方根	342.935	152.605	

（出典：総務省「家計調査」）

この表から貯蓄と有価証券の相関係数を求めよ。

（答）

このデータの散布図は下のようになり，正の相関関係がみられる。実際 x を貯蓄，y を所有有価証券とすれば $s_x = 342.935,\ s_y = 152.605,\ s_{xy} = 42432.1$ であるから相関係数は $r = 42432.1 \div (342.935 \times 152.605) = 0.811$ となる。

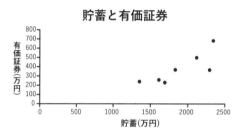

§ **4.4** 相関係数の注意点

相関係数の値だけをみて2変数間に関係があるか無いかを判断するのは適切とはいえない。いくつか注意点を挙げる。まず相関係数はあくまで直線的な関係を測る尺度であり，2変数間の関係が直線的でなければその強さを適切に測ることはできない。たとえば，図4.9のように左右対称の2次曲線状の関係がみられる場合には相関係数 r の分子 s_{xy} が0に近い値をとるので，相関係数も0に近い値になる。

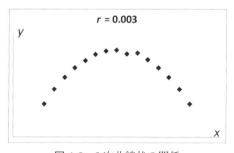

図 4.9　2次曲線状の関係

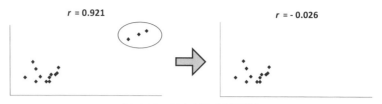

図 4.10　外れ値と相関係数

次に相関係数は，外れ値の影響を強く受ける。たとえば図 4.10 左図のデータの相関係数を求めると 0.921 となり正の強い相関があるといえるが，他の観測値と大きく離れた右上の 3 つの観測値を除いた右図のデータの相関係数は −0.026 となり，ほとんど相関関係がないことになる。このように相関関係を考える際には必ず散布図を見ることが大切である。

最後にデータに欠測値がある場合，あるいは全データから抜粋した一部のデータを用いる場合には相関係数が大きく変化することがある。

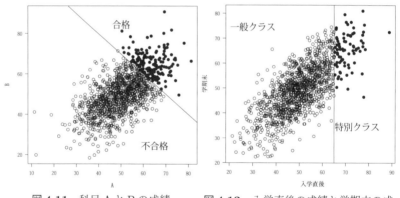

図 4.11　科目 A と B の成績　　**図 4.12**　入学直後の成績と学期末の成績

ある大学の入学試験では科目 A と B の得点の合計で合否は決まる。図 4.11 は，受験者全体の科目 A と B の得点（いずれも偏差値）の散布図であり，右上の濃い点は合格者の部分である。合格者だけでみると，相関係数は $r = -0.19$ と負であり「科目 A ができる受験生は科目 B はできない」と判断しそうになるが，全受験生では相関係数は正で $r = 0.60$ となり，「片方ができる受験生はもう一方もできる」ことがわかる。

　一方，図4.12は，入学直後に学力試験を実施して成績上位の特別クラスを作った例である。学力試験の成績 x と学期末の成績 y の散布図では，入学者全員の相関係数は $r = 0.72$ と正となっており，クラス分けの試験は学生の選抜に有効だったと判断できる。しかし，図の右側のように特別クラスの学生だけを見ると，相関係数は $r = 0.24$ と低くなり，選抜試験の有効性が明瞭ではない。

例題 4.4　次のデータについてグループごとに相関係数を求めよ。

x	1	2	3	4	5	1	2	3	4	5
y	1	3	3	5	6	6	5	4	3	1
グループ	A	A	A	A	A	B	B	B	B	B

（答）

　グループを層と考えて，違いがわかるようにデータを層別散布図に描くと次のような図になる。この結果，グループごとには相関関係があるが，全観測値の相関係数では 0 に近いと予想される。実際，全観測値に対す

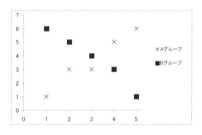

る相関係数は0である。各グループの相関係数は，A グループは0.973，B グループは −0.986 となる。このようにグループの情報も与えられているときは層別散布図を描き，グループごとの相関関係を検討することが望ましい。

§ **4.5** 相関と因果

相関関係と因果関係

　4.3節では，相関係数によって2変数間の直線的な関係の強さを測ることを説明した。しかしながら，4.4節で説明したように相関係数の絶対値が小

さいからといって，必ずしも2変数が関係がないとは判断できない。逆に相
関係数の絶対値が大きいからといって2変数に関係があるとも言えない場合
がある。さらに相関係数を解釈するときには単に値だけを見るのではなく，
散布図を描くことが重要である。

　次に，**因果関係**について考えてみる。2変数間に強い相関があることが因
果関係を示すことにはならない。因果関係を示すには，何らかの関係が見ら
れるだけでなく，2変数間に因果を判断できる根拠が必要である。たとえば，
自動車の速度と停止距離の間には，速度を出せば出すほど，停止距離が長く
なる傾向がある。これは，運動エネルギーなどの物理的根拠からわかる因果
関係である。しかし一般に，因果関係があるのではないかと思われる2変数
であっても，因果関係を明確に示すことは容易ではない。先に述べたように
相関関係が強くても，必ずしもそれが2変数の因果関係を意味するわけでは
ない。因果関係の有無を考察するには，次項で述べる因果関係の研究が有用
である。

因果関係の研究

　第8章で詳しく説明するが，統計の研究には実験研究と観察研究がある。
明確な根拠がない現象の因果関係の有無を調べるには，少なくとも実験研
究を行わなくてはならない。たとえば，あるドリンク剤の効果を調べるため
に，そのドリンク剤を飲んでいる人のみを対象に効果を調べても意味がな
い。なぜならば体調がすぐれないのでそのドリンク剤を飲んでいる人が多い
場合，効果がないという結果が導かれることがある。

　このようなときには，対象者をドリンク剤を飲むグループ（Aグループと
呼ぶ）と飲まないグループ（Bグループと呼ぶ）に分ける。Aグループに属
する対象者のみにある期間そのドリンク剤を飲んでもらった後に，ドリン
ク剤を飲んでいないBグループの対象者と比較する。それによって，Aグ
ループの方がよりよい結果を示したなら，そのドリンクは体によいと考えら
れる。

擬相関（見かけ上の相関）

　図4.13は2015年の都道府県別の一般病院年間入院患者数と一般病院数の

散布図である．これら2変数の相関係数は0.95で，強い相関がある．入院患者数が多いから病院数が多いと解釈することもできるし，逆に病院数が多いから入院患者数が多いと解釈することもできる．都道府県の人口は大きく異なり，この影響で入院患者数と病院数の相関係数を大きくしている可能性がある．そこで図4.14のように，人口10万人当たりの一般病院年間入院患者数と一般病院数を調べると，その相関係数は0.70となる．つまり，相関係数の値が小さくなり，人口の大きさの違いが影響していることが分かる．

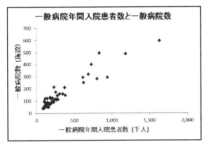
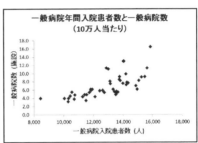

図4.13 一般病院年間入院患者数と一般病院数

図4.14 10万人当たりの一般病院年間入院患者数と一般病院数

出典：社会生活統計指標-都道府県の指標- 2018

図4.15のように2変数x, y両方に影響を与える第3の変数zが存在したために，xとyの間に相関関係がみられるという現象を**擬相関**（**見かけ上の相関**）という．

日ごろ「○○をすると××になる」というような文章を目にするが，十分な検証がなされていないことや，擬相関を述べていることがあるので，文章の内容を注意して理解しなければならない．

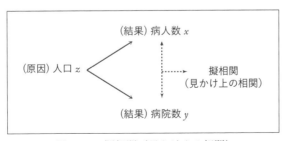

図4.15 擬相関（見かけ上の相関）

■■□　**練習問題**　　　　　　　　　　　　　　　　　　（解答は **209** ページです）

問 **4.1**　次の帯グラフは，クラスの学生にある日の朝食をたずねた結果である。

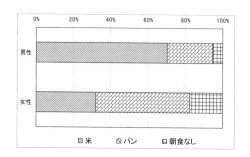

このとき，女性でパンと答えた人の割合は女性全体の何 % か。次の ①〜④ のうちから最も適切なものを一つ選べ。

①　30%　　②　40%　　③　50%　　④　60%

問 **4.2**　下の変数の組で正の相関関係があると考えられる組合せはどれか。次の ①〜④ のうちから最も適切なものを一つ選べ。

Ⅰ:　A さんのジョギングをした時間と消費カロリーの 100 日間のデータ

Ⅱ:　ある高校の生徒 300 人におけるある休日のテレビの視聴時間とそのテレビによる消費電力のデータ

①　Ⅰ のみある　　　②　Ⅱ のみある

③　両方ともある　　④　両方ともない

問 4.3　あるクラスでうどんとそばのどちらが好きかの調査を行った。その結果のクロス集計表が次の表である。

	うどん	そば	合計
男性	34	43	77
女性	23	17	40
合計	57	60	117

このとき，男性でうどんを選んだ人の回答者全員における割合，および，男性でそばを選んだ人の男性全体における割合はどのように求められるか。次の①〜④のうちから最も適切なものを一つ選べ。

① 男性でうどんを選んだ人の回答者全体における割合 $= \dfrac{34}{234}$

男性でそばを選んだ人の男性全体における割合 $= \dfrac{43}{60}$

② 男性でうどんを選んだ人の回答者全体における割合 $= \dfrac{34}{234}$

男性でそばを選んだ人の男性全体における割合 $= \dfrac{43}{77}$

③ 男性でうどんを選んだ人の回答者全体における割合 $= \dfrac{34}{117}$

男性でそばを選んだ人の男性全体における割合 $= \dfrac{43}{60}$

④ 男性でうどんを選んだ人の回答者全体における割合 $= \dfrac{34}{117}$

男性でそばを選んだ人の男性全体における割合 $= \dfrac{43}{77}$

問**4.4**　あるクラスで中間試験と期末試験を実施したとき，すべての人が中間試験の点数に 20 点加えた点数を期末試験でとった場合，このクラスの中間試験と期末試験の相関係数はどうなるか？　次の①〜④のうちから最も適切なものを一つ選べ。なお中間試験と期末試験では同じ人が受け，当日の欠席はなかったとする。

①　相関係数は 1 である

②　相関係数は 0 である

③　負の相関係数をもつ

④　この情報だけでは相関係数はわからない

問**4.5**　正の強い相関関係がある変数の組を散布図に表し，2つの軸をそれぞれ平均値で分け，4つの領域にしたとき，次の①〜④のうちから最も適切なものを一つ選べ。

①　観測値が右上と左下に左上と右下よりも多く集まっていた。

②　観測値が左上と右下に右上と左下よりも多く集まっていた。

③　観測値が4つの領域にまんべんなく分布していた。

④　すべての観測値が横軸より上の領域に集まっていた。

問 **4.6**　あるクラスの数学と理科の点数を散布図に表して，次のようなグラフを得たが，後で左上の観測値（数学，理科）＝（29, 91）は（29, 19）の間違いとわかった。

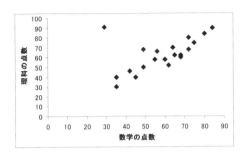

　このとき，訂正前と訂正後では相関係数の大きさはどのように変化するか。次の①～④のうちから最も適切なものを一つ選べ。

①　相関係数の値は 1 に近づく。

②　相関係数の値は −1 に近づく。

③　相関係数の値は 0 に近づく。

④　この情報だけでは求められない。

問 **4.7**　相関係数に関する次の 2 つの記述で正しい組合せはどれか。下の①～④のうちから最も適切なものを一つ選べ。

　I:　相関係数は測定した際の単位の影響を受け，たとえば身長の場合，cm と m で測ったときで相関係数の値は変わる。

　II:　相関係数は 2 つの変数のどちらを散布図の横軸にするか縦軸にするかで値が変わる。

①　I のみ正しい　　　②　II のみ正しい

③　両方とも正しい　　④　両方とも正しくない

問 **4.8**　2つの変数 A, B についての観測値 $(a_1, b_1), \cdots, (a_n, b_n)$ が求められたとき，以下の3つの散布図を次の手順で作成した。

(1) は横軸に A，縦軸に B を取った図

(2) は縦軸に A，横軸に B を取った図

(3) は横軸に $100 \times A$，縦軸に $100 \times B$ を取った図

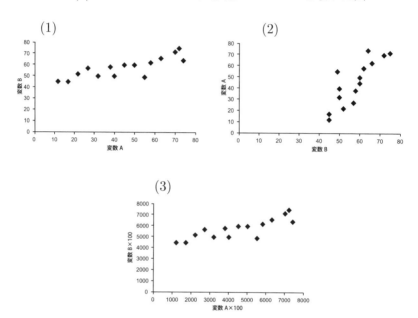

このとき上の散布図の中で相関係数が最も大きいものはどれか。次の①〜④のうちから最も適切なものを一つ選べ。

① (1) の散布図　　② (2) の散布図

③ (3) の散布図　　④ (1), (2), (3) の相関係数は同じになる

問 **4.9** 2つの変数 x, y の相関係数が 0.67 であった。このとき，x のすべての値に 0.02 ずつ加え，続いて y のすべての値を 0.3 倍にした。これらの操作により相関係数の値はどう変化したか。次の ①〜④ のうちから最も適切なものを一つ選べ。

① この2つの操作では相関係数は常に 0.67 である。

② 最初の操作で相関係数の値は 0.67 から $0.67 + 0.02 = 0.69$ となり，次の操作では変わらず 0.69 のままである。

③ 最初の操作で相関係数の値は 0.67 から $0.67 + 0.02 = 0.69$ となり，次の操作で $0.69 \times 0.3 = 0.207$ となる。

④ この情報だけでは分からない。

問 **4.10** ある調査によると魚 A の摂取量と血中のある成分の量の散布図は右上がりの直線状に分布し，相関係数が 0.94 だった。このことから次の結論を考えた。次の ①〜④ のうちから適切でないものを一つ選べ。

① 魚 A の摂取量と血中のある成分の量には正の強い相関関係がみられた。

② 魚 A の摂取量と血中のある成分の量には相関関係がないとはいい難い。

③ 魚 A の摂取量を増やすことが血中のある成分の量を増やす原因といえる。

④ 魚 A の摂取量を横軸に，血中のある成分の量を縦軸に散布図に描くとほぼ右上がりの直線状に観測値が分布していると予想される。

問 4.11　（平成29年度大学入試センター試験問題より：出題形式等を
一部変更）

スキージャンプは，飛距離および空中姿勢の美しさを競う競技
である。選手は斜面を滑り降り，斜面の端から空中に飛び出す。
飛距離 D（単位はm）から得点 X が定まり，空中姿勢から得
点 Y が決まる。ある大会における58回のジャンプについて考
える。

得点 X は，飛距離 D から次の計算式によって算出される。

$$X = 1.80 \times (D - 125.0) + 60.0$$

次の ア ～ ウ にあてはまる数値を求めよ。

- X の分散は，D の分散の ア 倍になる。

- X と Y の共分散は，D と Y の共分散の イ 倍になる。ただ
し，共分散は，2つの変量のそれぞれにおいて平均値からの偏
差を求め，偏差の積の平均値として定義される。

- X と Y の相関係数は，D と Y の相関係数の ウ 倍になる。

5. 回帰直線と予測

この章での目標

- 説明変数と被説明変数を区別する
- 回帰直線を用いて予測する
- 最小二乗法の考え方を理解する
- 回帰直線と相関係数の関係を理解する
- 適切に回帰直線を用いる

■■■ Key Words

説明変数と被説明変数
回帰直線と回帰係数
予測（予測値）
残差
最小二乗法

§5.1 回帰分析

相関係数は2つの変数 x と y の間の直線的な関係の強さを測る尺度であり，-1 から1の値をとる。この2変数間に因果関係を前提とすることはなく，x と y を逆にしても相関係数は同じである。たとえば，テストAの成績を x とし，テストBの成績を y として相関係数を求めても，テストAの成績を y とし，テストBの成績を x として相関係数を求めても同じ値になる。

一方，2つの変数 x と y の間に何らかの因果関係を想定し，変数 x から変数 y の値を予測することを**回帰分析**という。この意味から，変数 x を**説明変数**，変数 y を**被説明変数**，**目的変数**などと呼ぶ。また，直線の式 $y = \alpha + \beta x$ により予測するとき，この直線を**回帰直線**，α（アルファ）と β（ベータ）を**回帰係数**という。次の例を用いて，これらの内容をさらに説明する。

回帰直線

あるバネに10種類のおもりをつるして，バネの長さを測定したところ，表5.1のような結果が得られた。この結果から，$x(\mathrm{g})$ のおもりに対するバネの長さ $y(\mathrm{mm})$ を予測したい。

表5.1　おもりの重さとバネの長さ

回数	おもりの重さ $x(\mathrm{g})$	バネの長さ $y(\mathrm{mm})$
1	6	119
2	8	145
3	12	175
4	14	191
5	18	204
6	20	209
7	24	244
8	26	233
9	30	272
10	32	268

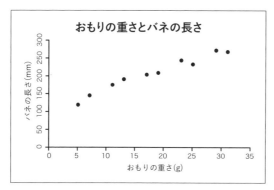

図5.1 おもりの重さとバネの長さの散布図

図5.1は，このデータの散布図である。この図から，おもりの重さ x とバネの長さ y の関係として，直線の式

$$y = \alpha + \beta x$$

があてはまるのではないかと考えられる。ここで，α は y 切片で β は直線の傾きである。この直線が適切であれば，おもりの重さに対するバネの長さが予測できる。

さらに，データから回帰係数 α と β の**推定値** $\hat{\alpha}$ と $\hat{\beta}$ が求まったなら，**予測値** $\hat{y}$ も求めることができる。たとえば，このバネに10g のおもりをつるしたときのバネの長さは，直線の式 $y = \hat{\alpha} + \hat{\beta} x$ に $x = 10$(g) を代入すれば予測値 $\hat{y}$(mm) が計算できる。また，バネの自然長は $x = 0$ を代入すればよく $\hat{\alpha}$(mm) となる。

統計学では，上記のように，推定値や予測値を表す記号として，＾（ハット）を用いることが多い。

 # §5.2 最小二乗法

回帰直線の回帰係数 α と β を推定する方法の１つに**最小二乗法**がある。ここでは，最小二乗法を用いて回帰係数の推定値 $\hat{\alpha}$，$\hat{\beta}$ の求め方を説明する。

バネの重さが x_i(g) のときのバネの長さは y_i(mm) $(i = 1, 2, \cdots, n)$ であったとする。i 番目の観測値 (x_i, y_i) に対して，予測値 $\hat{y}_i = \hat{\alpha} + \hat{\beta} x_i$ を考える。y に関する観測値 y_i と予測値 $\hat{y}_i$ との間の差 $y_i - \hat{y}_i$ を**残差**という。すべての観測値の残差 $y_i - \hat{y}_i (i = 1, 2, \cdots, n)$ の平方和

$$(y_1 - \hat{y}_1)^2 + (y_2 - \hat{y}_2)^2 + \cdots + (y_n - \hat{y}_n)^2 = \sum_{i=1}^{n} (y_i - \hat{y}_i)^2$$

を考え，これを**残差平方和**という。この式に $\hat{y}_i = \hat{\alpha} + \hat{\beta} x_i$ を代入し，

$$S(\hat{\alpha}, \hat{\beta}) = (y_1 - \hat{\alpha} - \hat{\beta} x_1)^2 + (y_2 - \hat{\alpha} - \hat{\beta} x_2)^2 + \cdots + (y_n - \hat{\alpha} - \hat{\beta} x_n)^2$$
$$= \sum_{i=1}^{n} (y_i - \hat{\alpha} - \hat{\beta} x_i)^2$$

と書き換えると，$S(\hat{\alpha}, \hat{\beta})$ は $\hat{\alpha}$ と $\hat{\beta}$ を含む式で書けることがわかる。平方和であることから $S(\hat{\alpha}, \hat{\beta}) \geqq 0$ であり，残差の絶対値が大きいほど $S(\hat{\alpha}, \hat{\beta})$ は大きな値になるため，この値を最小にするように回帰係数を決めればよいと考える。

　具体的には，回帰係数の推定値 $\hat{\alpha}$ と $\hat{\beta}$ は，**正規方程式**と呼ばれる連立方程式の解として，次のように表すことができる。

$$\hat{\beta} = \frac{s_{xy}}{s_x^2} \left(= r_{xy} \frac{s_y}{s_x} \right), \qquad \hat{\alpha} = \bar{y} - \hat{\beta} \bar{x}$$

ここで，$\bar{x}$ と s_x は変数 x の平均値および標準偏差，$\bar{y}$ と s_y は変数 y の平均値および標準偏差，s_{xy} と r_{xy} は x と y の共分散および相関係数である。この式から，直線の傾き β の推定値 $\hat{\beta}$ は相関係数 r_{xy} に標準偏差の比率 s_y/s_x を掛けたものであることがわかる。つまり，回帰直線の傾きと相関係数には関係があることがわかる[1]。

　表 5.1 の「おもりの重さとバネの長さ」のデータについてこれらを求めると，

$$\hat{\beta} = \frac{401}{73} = 5.5, \qquad \hat{\alpha} = 206 - 5.5 \times 19 = 101.5$$

となる。これらから，回帰直線は $y = 101.5 + 5.5x$ となり，おもりの重さに対するバネの長さが予測できる。たとえば，おもりの重さが20gの場合，バ

---

[1] A.4 に平方完成を用いた回帰係数の求め方を示した。

ネの長さは $\hat{y} = 101.5 + 5.5 \times 20 = 211.5(\text{mm})$ と予測される。

　ここで注意したいことは，おもりの重さが20gの場合，バネの長さが丁度211.5mmになるのではない。この値は予測値であって，平均的に211.5mmになると考える。

例題 5.1　表5.1の「おもりの重さとバネの長さ」のデータにおいて，おもりの重さが30gのとき，バネの長さの予測値と残差を求めよ。

（答）

得られた回帰直線より $\hat{y} = 101.5 + 5.5 \times 30 = 266.5(\text{mm})$ と予測される。また，残差は $272 - 266.5 = 5.5(\text{mm})$ である。

例題 5.2　例題4.3の貯蓄（万円）と所有有価証券（万円）について，貯蓄を x，有価証券を y とし，y を x で予測する回帰直線 $y = \hat{\alpha} + \hat{\beta}x$ を求めよ。必要に応じて，

$$\bar{x} = 1892.4, \ s_x^2 = 117604.2, \ \bar{y} = 377.9, \ s_y^2 = 23288.4,$$
$$s_{xy} = 42432.1, \ r_{xy} = 0.811$$

を用いてもよい。

（答）

このデータの散布図と回帰直線は図5.2のようになる。

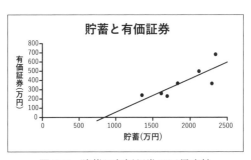

図 5.2　貯蓄と有価証券の回帰直線

正規方程式を解くと，

$$\hat{\beta} = \frac{42432.1}{117604.2} = 0.361, \quad \hat{\alpha} = 377.9 - 0.361 \times 1892.4 = -305.3$$

となり，これらから，回帰直線は $y = -305.3 + 0.361x$ となる。また，相関係数 r_{xy} を用いて

$$\hat{\beta} = 0.811 \times \frac{\sqrt{23288.4}}{\sqrt{117604.2}} = 0.361$$

と求めてもよい。

回帰分析の注意点

4.4 節では相関係数の注意点について言及した。回帰直線を利用する場合も，同様のことに注意する必要がある。

- 2 変数間の関係が直線的と見なせない場合，回帰直線ではなく 2 次曲線などの方が当てはまりがよいことがある。
- 外れ値がある場合，その値に影響されるので，求められた式を解釈するときには注意がいる。
- 複数のグループが混在している場合，グループごとに回帰直線を求める方が好ましい。

上記以外に，回帰分析の予測に関する注意点が 2 つある。

- 一般に，求められた回帰直線を用いて被説明変数 y から説明変数 x を予測してはいけない。これは，y の残差に対する最小二乗法を用いて回帰直線が導出されるためである。
- 与えられたデータが存在する範囲から大きく離れている値 x に対しては，直線的な関係が成立しない可能性があるので，単純に予測に利用してはいけない。離れた値を回帰分析の x に代入し，予測値を求めることを「**外挿**」といい，外挿は避けるべきとされている。

たとえば，「おもりの重さとバネの長さ」のデータでは，おもりの重さが 35g 程度までのバネの長さが測られているが，おもりの重さ 100g ではこの関係が利用できかどうかは保証されず，バネの長さは予測すべきではない。

§ 5.3 [進んだ話題] 回帰直線に関する歴史

第 4 章で取りあげた 相関係数と本章で扱った回帰直線をはじめに示した

のは，イギリスの統計学者のゴルトン（Sir Francis Galton, 1822–1911）である。ゴルトンは多数の「親子の身長」を調べた[2]。ただし，親の身長は"父親の身長"と"母親の身長の1.08倍"の平均とし，子も女性は1.08倍した。得られたデータを表などに示し，「背の高い親の子も背が高い傾向にはあるが親ほどでない」，また「背の低い親の子も背が低い傾向にはあるが親ほどでない」という現象を見出した。つまり，子は全体に親より平凡な方向，平均値に近づくいう法則を示した。これを**平均への回帰**と呼ぶ。

さらに，ゴルトンは，縦軸に「親の身長」と横軸に「子の身長」を示し，それを楕円で囲むことを考えた（図5.3）。図の中に，横軸と平行かつ楕円の接線である水平線YNがある。さらに，直線ONが見られる。直線ONが親の身長から子の身長を予測する回帰直線である。点Nの座標を(x, y)とすると，親は背の高さyは約71インチである。しかし，その子の背の高さの予測値xはyより小さく，約70.2インチである。つまり，子は親より背が高くないことがわかる。また，同様に，直線OMは子の身長から親の身長を予測す

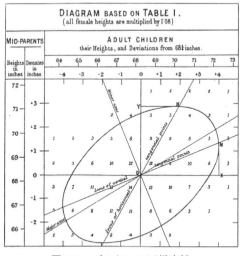

図 5.3 ゴルトンの回帰直線

[2] Francis Galton (1886) Anthropological Miscellanea: "Regression towards mediocrity in hereditary stature", The Journal of the Anthropological Institute of Great Britain and Ireland, 15: 246–263.

る回帰直線である。図の中には楕円の長軸も示されているが，回帰直線 OM
の傾きは長軸の傾きより小さい。このように，ゴルトンはこの図を使って，
平均への回帰の現象をより正確に解釈した。

　ちなみにゴルトンは，看護師でもあり統計学者でもあるナイチンゲール
（Florence Nightingale, 1820–1910）の遠縁である[3]。ナイチンゲールの意
思を汲み，ゴルトンはロンドン大学に統計講座設立の準備をする。1911 年，
二人の死後，最初の教授として友人の統計学者ピアソン（Karl Pearson,
1857–1936）が着任する。これが世界ではじめての統計講座となる。次の教
授がフィッシャー（Sir Ronald Aylmer Fisher, 1890–1962）で，第 9 章で述
べる推測統計の基盤が出来上がる。

§ 5.4 ［進んだ話題］決定係数

　2 つの変数 x と y について，回帰直線 $y = \hat{\alpha} + \hat{\beta} x$ により，x から y を予測
することを学んだ。ここでは，求められた回帰直線の説明力を測る指標であ
る決定係数について簡単に触れる。

平方和の分解

　まず，次のような 3 つの平方和を定義する。

- 総平方和：変数 y の散らばり具合

$$S_T = (y_1 - \bar{y})^2 + (y_2 - \bar{y})^2 + \cdots + (y_n - \bar{y})^2 = \sum_{i=1}^{n} (y_i - \bar{y})^2$$

- 回帰による平方和：回帰直線によって説明できた部分

$$S_R = (\hat{y}_1 - \bar{y})^2 + (\hat{y}_2 - \bar{y})^2 + \cdots + (\hat{y}_n - \bar{y})^2 = \sum_{i=1}^{n} (\hat{y}_i - \bar{y})^2$$

- 残差平方和：回帰直線によって説明できなかった部分

$$S_e = (y_1 - \hat{y}_1)^2 + (y_2 - \hat{y}_2)^2 + \cdots + (y_n - \hat{y}_n)^2 = \sum_{i=1}^{n} (y_i - \hat{y}_i)^2$$

　証明は省略するが，総平方和 S_T は次のように分解ができる。

---

[3]　ゴルトンのいとこ Sir Douglas Galton (1822–1899) がナイチンゲールのいとこの夫で
ある。

$$
\begin{aligned}
S_T &= (y_1 - \bar{y})^2 + \cdots + (y_n - \bar{y})^2 \\
&= (y_1 - \hat{y}_1 + \hat{y}_1 - \bar{y})^2 + \cdots + (y_n - \hat{y}_n + \hat{y}_n - \bar{y})^2 \\
&= [(y_1 - \hat{y}_1)^2 + \cdots + (y_n - \hat{y}_n)^2] + [(\hat{y}_1 - \bar{y})^2 + \cdots + (\hat{y}_n - \bar{y})^2] \\
&= [(\hat{y}_1 - \bar{y})^2 + \cdots + (\hat{y}_n - \bar{y})^2] + [(y_1 - \hat{y}_1)^2 + \cdots + (y_n - \hat{y}_n)^2]
\end{aligned}
$$

となる。つまり，

$$
S_T = S_R + S_e
$$

である。y の分散は S_T/n なので，y の分散を回帰直線によって説明できた部分と説明できなかった部分に分解したと考えることもできる。

決定係数と重相関係数

「変数 y の散らばり具合に対する回帰直線によって説明できた部分の割合」を「当てはまりのよさ」または「説明力」と考え，次のように**決定係数** R^2 が定義される。

$$
R^2 = \frac{S_R}{S_T}
$$

この式からわかるように，回帰直線上にすべての観測点があり，完全に当てはまったなら，$S_e = 0$，すなわち，$S_T = S_R$ なので $R^2 = 1$ となる。一方，$S_R = 0$ になった場合，回帰直線は全く当てはまらないとし，$R^2 = 0$ となる。つまり，決定係数は 0 から 1 の値をとる。

　このことから，求められた回帰直線の当てはまりのよさを決定係数の値によって判断することができる。たとえば，データが回帰直線の近くに密集しているときには 1 に近い値をとり，「当てはまりがよい」とする。また，データが回帰直線から大きく離れているときには 0 に近い値をとり，「当てはまりがわるい」とする。

　回帰分析の中で回帰直線の場合についてのみ，決定係数と相関係数 r の間には $R^2 = r^2$ という関係が成り立つ。2次曲線などを考えた回帰分析ではこのような関係はないので注意する必要がある。

　ここでは，説明変数が 1 つだけの**単回帰**と呼ばれる回帰分析について説明したが，説明変数が 2 つ以上ある場合（**重回帰**という）でも，当てはまりのよさは同様に定義できる。また，決定係数 R^2 の正の平方根は観測値 y_i と予測値 $\hat{y}_i$ の間の相関係数を表しており，これを**重相関係数**と呼ぶ。

■■■ **練習問題**　　　　　　　　　　　　（解答は **211** ページです）

問 5.1　回帰直線に関する次の 2 つの記述で正しい組合せはどれか。下の ①〜④ のうちから最も適切なものを一つ選べ。

 I: 回帰係数は測定した際の単位の影響を受け，たとえば身長の場合，cm と m で測ったときで回帰係数の値は変わる。

 II: 2 つの変数のどちらを被説明変数にしても回帰係数は同じになるので説明変数，被説明変数に関しては気にすることはない。

  ① I のみ正しい ② II のみ正しい
  ③ 両方とも正しい ④ 両方とも正しくない

問 5.2　例題 5.2 で求めた回帰直線より，2000 万円の貯蓄の人の所有有価証券（万円）を予測する。次の ①〜④ のうちから最も適切なものを一つ選べ。

  ① 316.7 ② 366.7 ③ 416.7 ④ 466.7

問 5.3　あるコンビニエンスストアで売られている商品 A の 1 日あたりの売上数（個）とその日の最高気温（℃）について調べた。最高気温を x，売上数を y とし，x で y を説明する回帰直線を求めたところ，

$$y = 3.73 + 2.33x$$

という式が得られた。

(1)　最高気温が 1℃ 上がると売上数はどのくらい増えると言えるか。次の ①〜④ のうちから最も適切なものを一つ選べ。

①　1.40　　②　2.33　　③　3.73　　④　6.06

(2)　最高気温が 25℃ のときの商品 A の売上数の予測値はいくらか。次の ①〜⑤ のうちから最も適切なものを一つ選べ。

①　9　　②　25　　③　58　　④　62　　⑤　91

問 5.4　説明変数 x，被説明変数 y について次のような値が得られている。

$$\bar{x} = 30, \ s_x = 5, \ \bar{y} = 340, \ s_y = 50, \ r_{xy} = 0.8$$

ここで，$\bar{x}$ と s_x，$\bar{y}$ と s_y はそれぞれ変数 x と y の平均値と標準偏差，r_{xy} は x と y の相関係数である。これより，y を x で予測する回帰直線 $y = \hat{\alpha} + \hat{\beta}x$ を求める。次の ①〜④ のうちから最も適切なものを一つ選べ。

①　$y = -60 + 8.0x$　　②　$y = 337.6 + 0.08x$

③　$y = 340 + 0.08x$　　④　$y = 100 + 8.0x$

問**5.5** 次の図は，各都道府県の最低賃金（単位：円）と全国物価地域差指数（全国平均＝100）の散布図および回帰直線である。

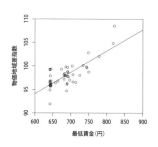

この回帰直線の式は

$$全国物価地域差指数 = 66.95 + 0.045 \times 最低賃金$$

である。この散布図および回帰直線の式から読み取れることとして，次の I ～ III の記述を考えた。

> **I.** 最低賃金を 2000 円にすれば，全国物価地域差指数は平均的に 156.95 となる。
>
> **II.** 最低賃金が 700 円であれば，全国物価地域差指数は平均的に 98.45 である。
>
> **III.** 全国物価地域差指数が 98.45 であれば，最低賃金は平均的に 700 円である。

この記述 I ～ III に関して，次の①～⑤のうちから最も適切なものを一つ選べ。

① I のみ正しい　　　② II のみ正しい

③ III のみ正しい　　④ I と II のみ正しい

⑤ II と III のみ正しい

問 5.6　［進んだ話題（決定係数）］

ある授業において，1 日あたりの平均勉強時間と期末テストの点数について回帰直線を求めたところ，

$$y = 10 + 25x \quad (0 \leqq x \leqq 3.6)$$

という式が得られた。ここで，y は期末テストの点数（単位：点），x は平均勉強時間（単位：時間）である。また，このとき決定係数は 0.1 であった。これらの結果から，次の I 〜 III の記述を考えた。

  I. 回帰直線の係数（傾き）が大きいので，回帰直線の当てはまりがよい。

 II. 平均勉強時間が 2 時間の生徒の期末試験の点数は 60 点である。

III. 決定係数が小さいので，回帰直線の当てはまりがわるい。

この記述 I 〜 III に関して，次の ①〜⑤ のうちから最も適切なものを一つ選べ。

① I のみ正しい　　　　② II のみ正しい

③ III のみ正しい　　　④ I と III のみ正しい

⑤ II と III のみ正しい

6. 確率

§**6.1** 事象と確率

　私たちの生活の中では，まだ実際には起きてはいない未来の事柄や情報が不足しているために不確かな事柄について判断をくだし，行動を決めなければならない場合がある。たとえば，朝出かける前に傘を持っていくかいかないかを決めるには，その日雨が降るかどうかその起こりやすさを判断しなくてはならない。このような起こるか起こらないか不確かな事柄を**事象**と呼び，その起こりやすさの程度を表す数値を，その事象の**確率**という。また事象を得るための実験や観察を**試行**という。

　事象の中で，それ以上分割できない事象を**根元事象**，根元事象の全体を**全事象**という。上の例では，根元事象は「今日雨が降る」，「今日雨が降らない」の2つであり，これらを合わせた事象が全事象である。

　サイコロを1回投げて，出た目を調べる場合であれば，「1の目が出る」から「6の目が出る」までの6個が根元事象であり，「偶数の目が出る」という事象は「2の目が出る」，「4の目が出る」，「6の目が出る」の3個の根元事象からなる事象である。またサイコロを1回投げることが試行である。

　事象を文章で表現するのではなく，全事象を全集合，事象をその部分集合，根元事象を全集合の各要素とみなすことにより，簡潔な数学的表現が可能になる。本書では全事象は U，事象は $A, B, \cdots$ 根元事象は $a, b, \cdots$ あるいは数字で表す。根元事象は要素であるが，その要素のみからなる一点集合と見なす場合は，$\{a\}$，$\{b\}$ と書く。上のサイコロを1回投げる例であれば，根元事象「$i(= 1, 2, \cdots, 6)$ の目が出る」を単に i と表せば，$U = \{1, 2, \cdots, 6\}$ となる。また A を偶数の目が出る事象とすれば，$A = \{2, 4, 6\}$ となる。

　いくつかの事象を組み合わせた事象も，考察の対象となることが多い。そのためには，組み合わせた事象を図6.1のように表すとわかりやすい。この図は組み合わせた集合を表すために考案されたもので，考案者の名からベン (Venn) 図と呼ばれる。

　事象 A と B のいずれかが起こることは，集合では和集合に対応するので $A \cup B$ と表し，これを**和事象**という。また事象 A と B の両方が同時に起こることは集合では積集合に対応するので $A \cap B$ と表し，これを**積事象**とい

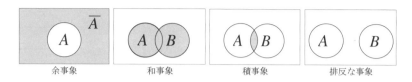

余事象　　　　和事象　　　　積事象　　　　排反な事象

図6.1　諸事象のベン図

う。また，A が起こらないという事象を**余事象**と呼び，$\overline{A}$ あるいは A^c と表す。たとえば上のサイコロ投げで，A は偶数の目が出る事象，B は4以上の目が出る事象すなわち $B = \{4, 5, 6\}$ とする。このとき $A \cup B = \{2, 4, 5, 6\}$，$A \cap B = \{4, 6\}$ になる。また $\overline{A} = \{1, 3, 5\}$ になり，これは奇数の目が出る事象である。

さらに，C を「2以下の目が出る事象」，すなわち $C = \{1, 2\}$ とすれば，B と C の両方が同時には起こらない。このときこれらの事象は**互いに排反**であるという。記号では $B \cap C = \phi$ と表す。ここで ϕ は起こりえない事象で，集合では空集合に対応するので，**空事象**と呼ぶ。

次に確率を定義する。確率の定義はいくつかあるが，**古典的確率，頻度確率，公理的確率**について順番に説明する。

古典的確率

古典的確率では，すべての根元事象が生じる可能性が**同様に確**からしい（起こりやすい）と仮定できる場合には，事象に含まれる根元事象の数に基づいて，その事象の確率を決める。

すなわち同様に確からしいと仮定できる根元事象の数が n 個あり，ある事象 A に含まれる根元事象の数が k 個あるとき，A の起こる確率は

$$P(A) = \frac{k}{n}$$

と定義される。P は Probability（確率）の頭文字である。P(A), $Pr\{A\}$ などの記号で表す場合もあるが，以下本書では $P(A)$ を用いる。

コインのように表と裏が同じ可能性で出ると仮定できる場合には，表と裏が出る確率を等しく $1/2$ とする。またくじ引きのように，何枚かのカードの

入った箱から 1 枚のカードを抜く際に，どのカードも抜かれるのが同様に確からしいとき，**無作為** (random) に抜くという。

例題 6.1　　1 から 6 の目が同じ確率で出るサイコロを考える。このサイコロを 1 回投げて偶数の目が出る確率を求めなさい。

（答）

本文で説明したように全事象は $U = \{1, 2, 3, 4, 5, 6\}$，偶数の目が出る事象は $A = \{2, 4, 6\}$ である。したがって $P(A) = 3/6 = 1/2$ となる。

例題 6.2　　袋の中に赤いカードが 20 枚，青いカードが 30 枚入っている。この袋の中から 1 枚のカードを無作為に選ぶとき，赤いカードである確率を求めなさい。

（答）

袋の中には 50 枚のカードが入っており，その中から 1 枚選ぶ場合は 50 通りある。このうち赤いカードは 20 枚あるので，赤いカードを選ぶ確率は 20/50=2/5 である。

例題 6.2 のように，多くのカードやくじの中から 1 つを無作為に選ぶ場合には，ある事象の確率は，カードやくじの中で対象となるカードやくじの割合と一致する。

例題 6.3　　1 から 4 までの数が書かれたカードがそれぞれ 1 枚ずつある。このカードの中から 2 枚のカードを同時に選ぶとき，1 の書かれたカードが含まれる確率を求めなさい。

（答）

　選ばれる 2 枚のカードの組合せは (1,2),
(1,3),(1,4),(2,3),(2,4),(3,4) の 6 通りあり，
このうち，1 のカードを含む場合は 3 通り
だから，1 の書かれたカードを選ぶ確率
は，3/6=1/2 となる。

　また，1 枚ずつ順番に選ぶと考え，右の
樹形図を用いてもよい。最初の枝分かれ
が 1 回目に選ばれたカードに書かれてい
る数，2 番目の枝分かれが 2 回目に選ば

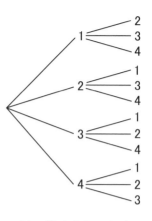

れたカードに書かれた数を表す。全事象は 12 個の根元事象から成り，そ
のうち 6 個の根元事象は 1 の書かれたカードを含んでいる。従って確率は
6/12=1/2 となる。

例題 **6.4**　1 から 6 の目が同じ確率で出る大小 2 つのサイコロがある。
これらの 2 つのサイコロを投げて目の和が 6 以下になる確率を求めな
さい。

（答）

　大きいサイコロと小さいサイコロの目の和を次のような表にまとめる。2
つのサイコロの目の出方の組合せは全部で 36 通りあり，このうち目の和が
6 以下となる場合は，15 通りである。よって，目の和が 6 以下になる確率は，
$15/36 = 5/12$ である。

大 ＼ 小	1	2	3	4	5	6
1	2	3	4	5	6	7
2	3	4	5	6	7	8
3	4	5	6	7	8	9
4	5	6	7	8	9	10
5	6	7	8	9	10	11
6	7	8	9	10	11	12

現象が複雑になってくると，同様に確からしい根元事象の個数が多くなり，事象に含まれる根元事象の個数を求めることが難しくなることがある。そのときには，例題 6.3 や例題 6.4 のように樹形図や表を用いて整理をすると，確率が求めやすくなる。

> **例題 6.5** 例題 6.4 において，2 つのサイコロを投げて目の和が 7 以上になる確率を求めなさい。

（答）
例題 6.4 の表を用いると，目の和が 7 以上となる組合せは，21 通りあるので，目の和が 7 以上となる確率は，21/36＝7/12 となる。

例題 6.5 の結果からもわかるように，目の和が 7 以上となる場合は，全体の目の出方の組合せの中から，目の和が 6 以下の場合を除いたものとなっている。すなわち，目の和が 6 以下となる事象を A とすると，目の和が 7 以上となる事象は，余事象 $\overline{A}$ になる。一般に根元事象の総数を n，A に含まれる根元事象の数を k としたとき，$\overline{A}$ に含まれる根元事象の数は $n - k$ である。
したがって A が起こる確率を $P(A) = k/n = p$ とおけば，A が起こらない確率は $1 - p(= (n - k)/n)$ になる。この性質を利用すると，例題 6.5 の確率は，例題 6.4 の結果を用いて $1 - 5/12 = 7/12$ と計算することもできる。

頻度確率

ところで古典的確率による確率の定義は分かりやすいが，いくつかの欠点がある。一つは根元事象の確率がすべて等しいとは見なしがたい場合には適用できない。たとえば地震の震度の場合，震度の大きい地震ほど発生確率は小さい。また根元事象の数が無限個ある場合にも適用できない。たとえばサイコロ投げで，「1 の目が初めて出るまでにサイコロを投げた回数」を根元事象とすれば，根元事象は無限個になる。このような古典的確率の欠点を是正するために提案されたのが頻度確率である。
頻度確率は，同じ条件の下で繰り返すことができるような実験や観測（**反復試行**という）によって得られた根元事象の相対頻度に基づき確率を決める。

　まず具体例を見てみよう。図 6.2 は，コインを 500 回投げた結果に関して，横軸を投げた回数，縦軸をそれまでに表が出た割合として折れ線グラフで表したものである。コイン投げの場合には，回数が少ないときには表が出た割合はかなり変化するが，投げる回数を増やしていくと，表が出た割合はある値に近づいていく傾向がある。このように，繰り返し実験可能な場合については，ある程度大きな回数の実験を行った結果に基づいて事象の起こりやすさを判断することができる。

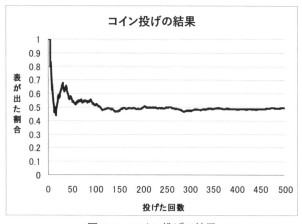

図 **6.2**　コイン投げの結果

　次に図 6.3 は，平成 19 年 10 月から平成 20 年 9 月までに生まれた子どもの数と男児の割合を都道府県別に表した散布図である。全国では，1,094,234人が生まれ，男児の割合は 51.3% であった。このグラフからもわかるように，最も出生数の多い東京都（一番右の点）の男児の割合は 51.3% で全国の割合とほぼ一致しており，最も男児の割合の低い石川県（一番下の点）でも 49.8% で全国とのずれは 1.5% である。

　以上の例に基づき，頻度確率を定義しよう。いま全事象を $U = \{a_i | i = 1, 2, \cdots, K\}$ とする。a_i は根元事象，K は根元事象の総数で無限個すなわち $K = \infty$ でもよい。いま反復試行を繰り返し，各 a_i が起こった割合すなわち相対頻度を考える。試行回数が無限大にいくときの相対頻度の極限値を p_i と書く。このとき事象 A の**頻度確率**は

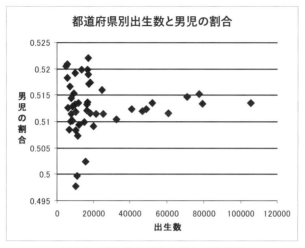

図 **6.3** 出生数と男児の割合の散布図

$$P(A) = \sum_{a_i \in A} p_i$$

によって定義される。右辺は A に属する根元事象 a_i の起こる確率 p_i のすべてにわたる和を意味する。たとえば $A = \{a_1,\ a_3,\ a_5\}$ ならば，$P(A) = p_1 + p_3 + p_5$ になる。このとき $P(U) = 1$, $P(A) = 1 - P(\overline{A})$ など，古典的確率がみたすすべての性質を頻度確率もみたす。

> **やってみよう**
>
> コインを 2 枚投げたときに，表と裏の組合せになる割合はどれくらいになるか，実験して調べてみよう。その結果から確率についてどのようなことがいえるだろうか。

公理的確率

　しかし頻度確率もやはりいくつかの欠点をもつ。まず各試行において実験・観測を行う環境や条件を同一にするのが困難な場合がある。次に同一の環境や条件の下で実験・観測を行うことが出来ても，それを無限回行うことは不可能である。したがって有限回の n で反復試行を打ち切り，そのときま

でに a_i が n_i 回起こったとすれば，p_i をそのときの相対頻度 n_i/n で近似せざるを得ない。

そこで最後に登場するのが，**公理的確率**である。公理的確率では最初に確率がみたすべき性質を公理として与える。

確率の公理

(1)　任意の事象 $A(\subset U)$ は，$0 \leqq P(A) \leqq 1$ をみたす。

(2)　全事象 U は，$P(U) = 1$ をみたす。

(3)　無限個の事象 $A_1, A_2, \cdots$ が互いに排反なとき，すなわち $A_i \cap A_j = \phi(i \neq j)$ が成り立つとき，

$$P(A_1 \cup A_2 \cup \cdots) = P(A_1) + P(A_2) + \cdots$$

をみたす。

公理 (3) は，有限個の排反な事象 $A_i(i = 1, \cdots, k), A_i \cap A_j = \phi(i \neq j)$ に対しても成り立つことが示せる。すなわち

$$P(A_1 \cup A_2 \cup \cdots \cup A_k) = P(A_1) + P(A_2) + \cdots + P(A_k)$$

が成立する。これより古典的確率や頻度確率がみたす性質，$P(\overline{A}) = 1 - P(A), P(\phi) = 0$ なども成立することが示せる。

ティータイム ・・・・・・・・・・・・・・・・・・・・・・・・・・・・・・・・ ●確率の利用

　ある仕事を担当する人を決めたり，代表者を決めたりする際に，ジャンケンやくじ引きを行うことがある。どの人も公平に同様の確からしさで選ばれるように，このような方法がとられているのである。また，参加者を2つに分けてゲームを行う場合には，できるだけ同じ上手さの人同士でジャンケンをして組分けを決めることもある。

§ **6.2** 事象の独立性と試行の独立性

コイン投げやサイコロ投げのように，偶然に左右される現象においては，さまざまな事象を考えることが多い。

> **例題 6.6** 1から6の目が同じ確率で出る大小2つのサイコロがある。この2つのサイコロを投げたとき，次の3つの事象の確率を考えてみよう。
>
> A：大きなサイコロの目が3である。
> B：小さなサイコロの目が2である。
> C：大きなサイコロの目が3で，小さなサイコロの目が2である。

（答）

大小のサイコロの目の組合せは36通りあり，これらがすべて等確率で起こると考える。このとき，事象Aには小さなサイコロの目の出方が6通りあり，事象Bも大きなサイコロの目の出方が6通りあるので，どちらの確率も$6/36 = 1/6$である。一方，事象Cのような目の出方は1通りであるから，$P(C) = 1/36$となる。

例題6.6において，事象Aは大きなサイコロの目の出方のみに関係し，一方事象Bは小さなサイコロの目の出方のみに関係する。そのためお互いが影響し合うことはない。一方，事象Cは事象Aと事象Bの積事象$C = A \cap B$である。上の例では，

$$P(A \cap B) = P(A)P(B)$$

という関係が成り立っている。

上の式が成り立つとき，2つの事象AとBは**独立**であるという。独立な場合には，確率の計算は容易になる。

例題6.6において

D：大きなサイコロの目が 3 以下である

E：2 つのサイコロの目の和が 6 である

という 2 つの事象を考えると，$P(D) = 1/2$，$P(E) = 5/36$ で，$P(D \cap E) = 1/12$ であるから，この 2 つの事象 D，E は独立であるとはいえない。確かに E は大きなサイコロの目の数に影響を受けることからも推察できる結果である。

試行の独立性

例題 6.6 では，大きなサイコロを投げる試行と小さなサイコロを投げる試行の 2 つを行っていることになる。例題 6.6 の計算の過程からわかるが，大きなサイコロを投げた結果に関する事象と小さなサイコロを投げた結果に関する事象は独立であることが仮定されている。一般に 2 つの試行 T_1，T_2 に対して，T_1 によって決まるすべての事象と，T_2 によって決まるすべての事象が独立であるとき，T_1 と T_2 は独立であるという。すなわち A を試行 T_1 によって決まる任意の事象，B を試行 T_2 によって決まる任意の事象とし，

$$P(A \cap B) = P(A)P(B)$$

が成り立つとき，**試行 T_1 と T_2 は独立である**という。

例題 6.7　2 枚のコイン A，B がある。コインをそれぞれ 1 回ずつ投げてどちらも表が出る確率を求めなさい。

（答）

A のコインを投げるという試行と B のコインを投げるという試行は独立と考えられるから，どちらも表が出る確率は，A のコインが表である確率と B のコインが表である確率の積 $1/2 \times 1/2 = 1/4$ である。

統計的な実験や調査を行う際には，複数回の測定を行ったり，複数の人に回答してもらうことも多い。この場合には，それぞれの実験や調査の結果は，独立な試行として取り扱われる場合が多い。

> **例題6.8** ある夫婦に5人の子どもがいる。それぞれの子どもが男の子であるのか，女の子であるのかは，独立に確率1/2で起こると仮定する。このとき，5人とも男の子である確率を求めなさい。

（答）

独立な試行と考えると，それぞれの子どもが男の子である確率は1/2であり，5人の子どもがいるので，$(1/2)^5 = 1/32$ となる。

次に2つの試行だけでなく，反復試行におけるさまざまな事象を考えよう。たとえば，コイン投げを5回繰り返すとすれば，これらは反復試行となる。

> **例題6.9** コインを5回投げて3回表が出る確率を求めなさい。

（答）

表が3回出るためには，1回目，2回目，3回目に表が出てもよいし，1回目，3回目，5回目に表が出てもよい。表が出た回の組合せは，1から5の5つの数字の中から3つの数字を選ぶ組合せであるから，10通りある。この10通りの場合は，すべて表が3回，裏が2回出るので，その確率は $(1/2)^3 \times (1/2)^2 = 1/32$ である。したがって3回表が出る確率はその10倍の10/32=5/16となる。

一般に，n 個の異なる数字の中から k 個を選ぶ組合せの数を $_nC_k$ と表し，

$$_nC_k = \frac{n \times (n-1) \times \cdots \times (n-k+1)}{k \times (k-1) \times \cdots \times 2 \times 1}$$

で計算できる。詳しくは付録A.2を参照されたい。

> **例題6.10** サイコロを5回投げたときに，1の目が3回出る確率を求めなさい。

（答）

　基本的な考え方は，例題 6.9 のコイン投げの場合と同じである。1 の目が 3 回出ればよいので，5 回の中から 3 回を選ぶ組合せを求めると $_5C_3 = 10$ 通りとなる。これらの場合は，1 の目が 3 回で，1 以外の目が 2 回出るので，その確率は

$$\left(\frac{1}{6}\right)^3 \times \left(\frac{5}{6}\right)^2 = \frac{5^2}{6^5}$$

となる。したがって求める確率はこれを 10 倍して，$10 \times 25/7776 \fallingdotseq 0.032$ となる。

反復試行の確率

　上のコイン投げとサイコロ投げの例から，一般に以下の結果が成立することが分かる。1 回の試行で，ある事象 A が起こる確率を p $(0 \leqq p \leqq 1)$ とする。同じ試行を n 回独立に繰り返したときに，事象 A が k 回起こる確率は次の式で与えられる。

$$_nC_k p^k (1-p)^{n-k}$$

　日本の有権者全体で，ある法律に賛成する人の割合が 2/3 であると仮定する。有権者の中から 20 人を無作為に選んで調査を行ったとき，15 人が賛成する確率を求めてみよう。有権者は 1 億人以上と十分多いため，サイコロ投げと同様に考えることにする。すなわち，各人の回答は独立で，賛成する確率は 2/3 であるとすると次のように計算される。

$$_{20}C_{15}\left(\frac{2}{3}\right)^{15} \times \left(\frac{1}{3}\right)^5 = \frac{20 \cdot 19 \cdot 18 \cdot 17 \cdot 16}{5 \cdot 4 \cdot 3 \cdot 2 \cdot 1} \times \frac{2^{15}}{3^{20}} \fallingdotseq 0.146$$

§ **6.3** 条件付き確率

　ここでは，2 つの事象 A，B があり，A が起こったという条件の下で，B が起こる確率を考える。一般に，事象 A が与えられたときの事象 B の**条件付き確率** $P(B|A)$ は

$$P(B|A) = \frac{P(A \cap B)}{P(A)}$$

と定義される。ただし $P(A) > 0$ を仮定する。

例題 6.11　ある高等学校のクラスを性別と出身中学校で分けると次の表のようになる。

	A 中学校	B 中学校	C 中学校	合計
男子	10	7	5	22
女子	5	7	6	18
合計	15	14	11	40

この 40 人の中から 1 人を無作為に選ぶとき，男子である確率は 11/20 である。もし，生徒が A 中学校から選ばれたことが分かっているときに，男子である条件付確率を求めよ。

(答)

　事象 A を，選ばれた生徒が「A 中学校出身である」とし，事象 B を「男子である」とすると，$P(A) = 15/40$，$P(A \cap B) = 10/40$ であるから，条件付き確率は

$$P(B|A) = \frac{P(A \cap B)}{P(A)} = \frac{10/40}{15/40} = \frac{2}{3}$$

になる。

　条件付き確率の定義を変形すると，次の式が得られる。

$$P(A \cap B) = P(A)P(B|A)$$

この式は，**乗法定理**（または**乗法法則**）と呼ばれ，次のような場合に用いられる。

例題 6.12　10 本のくじのうち当たりくじが 3 本ある。2 人が順番にくじを引くとき，1 人目が当たりくじを引き，2 人目がはずれくじを引く確率を求めなさい。ただし，一度引いたくじは元に戻さないものとする。

(答)

1人目が当たりくじを引く事象を A, 2人目がはずれくじを引く事象を B と表す。1人目がくじを引くときには, 10本のくじの中に3本の当たりくじがあるので, $P(A) = 3/10$ となる。1人目が当たりくじを引いたあとの状況では, 9本のくじの中に2本の当たりくじがあるので, $P(B|A) = 7/9$ となる。よって, 1人目が当たりくじを引き, 2人目がはずれくじを引く確率は

$$P(A \cap B) = \frac{3}{10} \times \frac{7}{9} = \frac{7}{30}$$

になる。

§6.4 ベイズの定理

前節で説明した条件付き確率に関連した重要な定理として, ベイズの定理がある。まず例から始めよう。いまある伝染性の疾病の原因となるウイルスを保菌しているという事象を B, その確率を $P(B)$ とする。一方血液検査を行い陽性反応がでるというを事象 A, その確率を $P(A)$ とする。このとき条件付き確率 $P(B|A)$, すなわち血液検査で陽性反応がでた人がウイルスを保菌している確率を求めよう。定義より

$$P(B|A) = \frac{P(A \cap B)}{P(A)}$$

である。まず右辺の分子は $P(B)P(A|B)$ に等しい。次に分母の $P(A)$ を考えよう。全事象 U は $U = B \cup \overline{B}$ をみたすので, $A = A \cap U = (A \cap B) \cup (A \cap \overline{B})$ となる。$(A \cap B)$ と $(A \cap \overline{B})$ は互いに排反であるから, $P(A) = P(A \cap B) + P(A \cap \overline{B})$ が成り立つ。したがって条件付き確率の定義から $P(A) = P(B)P(A|B) + P(\overline{B})P(A|\overline{B})$ が導ける。以上のことから

$$P(B|A) = \frac{P(B)P(A|B)}{P(B)P(A|B) + P(\overline{B})P(A|\overline{B})}$$

が成り立つ。

ここで $P(B) = 0.0001$, $P(A|B) = 0.99$, $P(A|\overline{B}) = 0.01$ としよう。このとき $P(B|A) = 0.0098$ となる。図 6.4 はこの式の意味を説明するものである。

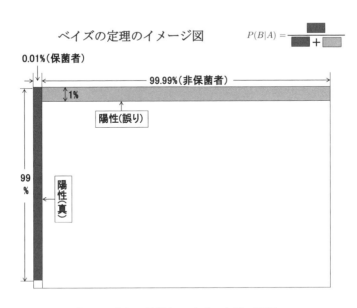

図 **6.4** 病気の診断とベイズの定理の図解

一般に A をある現象，B を A を生じさせると思われる原因としよう。我々は B の下で A が生じる確率 $P(A|B)$ と，A が生じたときにその原因が B である確率 $P(B|A)$ を混同する場合がある。この例のように $P(A|B)$ が大きくても，$P(B)$ が小さい場合には $P(B|A)$ も小さくなる場合がある。

上の例を複数の原因がある場合へ拡張する。いま A および互いに排反な k 個の事象 $B_i(i = 1, \cdots, k)$, $B_i \cap B_j = \phi(i \neq j)$ があり，$U = B_1 \cup B_2 \cup \cdots \cup B_k$ を仮定する。このとき

$$P(B_i|A) = \frac{P(A \cap B_i)}{P(A)}$$

$$= \frac{P(B_i)P(A|B_i)}{P(B_1)P(A|B_1) + P(B_2)P(A|B_2) + \cdots + P(B_k)P(A|B_k)}$$

　が成り立つ。上の例は $k = 2$, $B_1 = B$, $B_2 = \overline{B}$ の場合である。一般式も $k = 2$ の場合と同様に証明できる。これを**ベイズの定理**と言う。また分母の $P(A)$ の変形は**全確率の定理**と呼ばれ，図 6.5 はその内容の図解である。

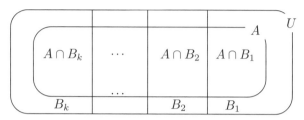

図 6.5　全確率の定理の図解

§ **6.5** [進んだ話題] 独立性に関する注意

　6.2 節で定義したように 2 つの事象 A, B は，$P(A \cap B) = P(A)P(B)$ が成り立つとき，独立である。2 つのサイコロを投げるとき，1 つ目のサイコロに関する結果 A と 2 つ目のサイコロに関する結果 B の間には何も関係がないと考えるのが普通である。この場合は，事象 A と B は独立と想定して，同時に起こる確率を $P(A \cap B) = P(A)P(B)$ と評価することになる。

　ところで，2 つの事象の発生には関係があっても，独立になる場合がある。たとえば，1 つのサイコロを投げて，「偶数の目が出る事象」を A，「4 以下の目が出る事象」を B とすると，その確率は，$P(A) = 3/6 = 1/2$, $P(B) = 4/6 = 2/3$ になる。A, B が同時に起こる事象は $A \cap B = \{2, 4\}$ になり，$P(A \cap B) = 2/6 = 1/3$ である。$P(A)P(B) = P(A \cap B)$ であるから，A と B は独立である。この結果は以下のように考えれば納得できる。

　ここではすべての根元事象の確率が $1/6$ に等しい古典的確率である。したがって $P(A)$ は A に含まれる根元事象の総数と全事象に含まれる根元事象の総数の比率 $1/2$ である。一方 $P(A|B)$ は $A \cap B$ に含まれる根元事象の総数と B に含まれる根元事象の総数の比率 $1/2$ である。したがって B が起きたことを知っても，事象 A の起こる確率は変わらず，A と B は独立である。この事実を一般化すれば，古典的確率の下では A に含まれる根元事象の総数

と全事象に含まれる根元事象の総数の比率が，$A \cap B$ に含まれる根元事象の総数と B に含まれる根元事象の総数の比率に等しい場合には，A と B は独立になる。

　次に「3つの事象 A，B，C が独立」の定義を与える。2つの事象が独立の場合に比べ，多少複雑になり，$P(A \cap B) = P(A)P(B)$，$P(A \cap C) = P(A)P(C)$，$P(B \cap C) = P(B)P(C)$ がすべて成り立つだけでなく，さらに $P(A \cap B \cap C) = P(A)P(B)P(C)$ が成り立たなければならない。

　3つの事象 A，B，C が独立であることと，A と B，A と C，B と C という2つの事象の3個の対すべてが独立であることが異なる例として，次のようなものがある。

　3つの文字，a, b, c を並べた $3! (= 6)$ 個の文字列と (a, a, a), (b, b, b), (c, c, c), 合計9個の文字列を根元事象とする。そしてこれらの文字列から1つを同じ確率 $1/9$ で選ぶ。ここで事象 A, B, C を

$$A = \{(a, x, y) | x,\, y \,は\, a, b, c \,いずれかの文字 \}$$
$$B = \{(x, a, y) | x,\, y \,は\, a, b, c \,いずれかの文字 \}$$
$$C = \{(x, y, a) | x,\, y \,は\, a, b, c \,いずれかの文字 \}$$

によって定義する。あきらかに $P(A) = P(B) = P(C) = 1/3$, $P(A \cap B) = P(A \cap C) = P(B \cap C) = 1/9$ であるから，2つの事象の3個の対はすべて独立である。しかし $P(A \cap B \cap C) = 1/9$ であるから，$P(A \cap B \cap C) = P(A)P(B)P(C)$ は成立しない。

　この例から分かるように，一般に積事象 $A \cap B$ が起こることが，C が起こることに影響を与える場合には，A, B, C は独立ではない。

　3つの事象 A，B，C が独立と考えてよければ，それらを任意に組合わせた事象の確率は，個々の事象の確率を用いて評価することができる。たとえば $P(A \cap B \cap \overline{C})$ は，

$$P(A \cap B \cap \overline{C}) = P(A \cap B) - P(A \cap B \cap C)$$
$$= P(A)P(B)(1 - P(C)) = P(A)P(B)P(\overline{C})$$

となり，やはり $P(A)$, $P(B)$, $P(\overline{C})$ の積となる。

■■■ 練習問題　　　　　　　　　　　　　（解答は **212** ページです）

問 **6.1**　袋の中に赤いカードが 20 枚，青いカードが 15 枚，黄色い
カードが 15 枚入っている。よくかき混ぜて，この 50 枚の
カードの中から 1 枚を選ぶとき青いカードを選ぶ確率を，次
の①〜④のうちから一つ選べ。

　　　　①0.15　　②0.2　　③0.3　　④0.4

問 **6.2**　1 から 6 の目が同じ確率で出る大小 2 つのサイコロがある。
この 2 つのサイコロを投げたとき，大きいサイコロの目と小さ
いサイコロの目が等しくなる確率を，次の①〜④のうちから
一つ選べ。

　　　　①1/36　　②5/36　　③1/6　　④1/3

問 **6.3**　コインを 3 回投げて少なくとも 1 回表が出る確率を，次
の①〜④のうちから一つ選べ。ただし，このコインは表と裏
が同じ確率で出るものとする。

　　　　①1/8　　②3/8　　③5/8　　④7/8

問 **6.4**　A，B，C，D の 4 つのチームでサッカーの試合を行う。時間の関係で次の図の丸の部分に各チームを割り当て，線で結んだチームとだけ対戦することになった。

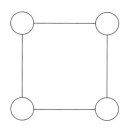

4 つのチームの割り当て方はくじ引きで決めることとするとき，A チームと B チームが対戦する確率を，次の ①〜④ のうちから一つ選べ。

①1/4　　②1/3　　③1/2　　④2/3

問 **6.5**　1 から 6 の目が同じ確率で出る大小 2 つのサイコロがある。この 2 つのサイコロを 1 回ずつ投げたときの結果として，次の事象を考える。

A: 大きなサイコロの目が偶数である。

B: 小さなサイコロの目が 4 以下である。

C: 大きなサイコロと小さなサイコロの目の和が偶数である。

D: 大きなサイコロと小さなサイコロの目の積が偶数である。

このとき，事象の独立性に関する次の記述として誤っているものを，次の ①〜④ のうちから一つ選べ。

① A と B は独立である　　② A と C は独立である

③ B と C は独立である　　④ A と D は独立である

問 **6.6**　ある県の知事の支持率調査を行うために，その県に住む有権者の中から無作為に 500 人を抽出して調査したところ，300 人が知事を支持していた。有権者全体の支持率が 2/3 であるときにこのような結果が生じる確率を計算する式を，次の ①〜④ のうちから一つ選べ。ただし，一人ひとりの回答は独立であると仮定する。

$$
① \ \left(\frac{2}{3}\right)^{300} \left(\frac{1}{3}\right)^{200}
\qquad
② \ \left(\frac{2}{3}\right)^{500} \left(\frac{1}{3}\right)^{500}
$$

$$
③ \ {}_{500}C_{300} \left(\frac{2}{3}\right)^{300} \left(\frac{1}{3}\right)^{200}
\qquad
④ \ {}_{500}C_{300} \left(\frac{2}{3}\right)^{500} \left(\frac{1}{3}\right)^{500}
$$

問 **6.7**　ある病気にかかる確率は，喫煙者と非喫煙者で異なり，喫煙者では 0.3%，非喫煙者では 0.1% とする。もし，ある集団の喫煙者の割合が 20% であるとき，病気にかかった人が喫煙者である確率を，次の ①〜④ のうちから一つ選べ。

① 3/5000　　② 1/3　　③ 3/7　　④ 12/13

問 6.8　（平成 30 年度大学入試センター試験問題より：出題形式のみ
を一部変更）

以下の $\boxed{ア}$ ～ $\boxed{ケ}$ にあてはまる数値または記号を求めよ。

一般に，事象 A の確率を $P(A)$ で表す。また，事象 A の余事象
を $\bar{A}$ と表し，二つの事象 A，B の積事象を $A \cap B$ と表す。

大小 2 個のさいころを同時に投げる試行において

A を「大きいさいころについて，4 の目が出る」という事象

B を「2 個のさいころの出た目の和が 7 である」という事象

C を「2 個のさいころの出た目の和が 9 である」という事象

とする。

(1) 事象 A，B，C の確率は，それぞれ
$$P(A) = \boxed{ア}, \qquad P(B) = \boxed{イ}, \qquad P(C) = \boxed{ウ}$$
である。

(2) 事象 C が起こったときの事象 A が起こる条件付き確率は
$\boxed{エ}$ であり，事象 A が起こったときの事象 C が起こる条件付
き確率は $\boxed{オ}$ である。

(3) 次の $\boxed{カ}$，$\boxed{キ}$ にあてはまるものを，下の①～③のう
ちからそれぞれ一つ選べ。ただし，同じものを繰り返し選んで
もよい。

$$P(A \cap B) \quad \boxed{カ} \quad P(A)P(B)$$

$$P(A \cap C) \quad \boxed{キ} \quad P(A)P(C)$$

$$① \; < \quad ② \; = \quad ③ \; >$$

(4) 大小 2 個のさいころを同時に投げる試行を 2 回繰り返す。1
回目に事象 $A \cap B$ が起こり，2 回目に事象 $\bar{A} \cap C$ が起こる確
率は $\boxed{ク}$ である。三つの事象 A，B，C がいずれもちょうど 1
回ずつ起こる確率は $\boxed{ケ}$ である。

7. 確率変数と確率分布

§ **7.1** 確率変数と確率分布の考え方

　本章では，確率変数と確率分布の考え方といくつかの性質について説明する。これらは，第9章の統計的な推測で具体的な問題を解く際に必要となる。

　はじめに，1から6の目が同じ確率で出るサイコロ投げについて考える。以後，このサイコロをゆがみのないサイコロという。

　確率変数 X は，起こりうる事象に対して値 x を割り当て，その値 x が生じる確率を $P(X = x)$ と表し，$p(x)$ と書く。たとえば，ゆがみのないサイコロの出る目を確率変数 X とするとき，確率変数 X が取り得る値 x は $1, 2, 3, 4, 5, 6$ である。これらを確率とともに表7.1のように示し，これを確率変数 X が従う**確率分布**という。

表 **7.1**　ゆがみのないサイコロ投げの確率分布

x	1	2	3	4	5	6	合計
$p(x)$	$\dfrac{1}{6}$	$\dfrac{1}{6}$	$\dfrac{1}{6}$	$\dfrac{1}{6}$	$\dfrac{1}{6}$	$\dfrac{1}{6}$	1

　ゆがみのあるサイコロ投げについても，表7.2のように確率変数 X が従う確率分布を示すことができる。

表 **7.2**　ゆがみのあるサイコロ投げの確率分布

x	1	2	3	4	5	6	合計
$p(x)$	$\dfrac{1}{12}$	$\dfrac{1}{12}$	$\dfrac{1}{3}$	$\dfrac{1}{12}$	$\dfrac{1}{12}$	$\dfrac{1}{3}$	1

例題 7.1　表と裏が $1/2$ ずつの同じ確率で出るコインを投げ，表が出るとき $X = 1$，裏が出るとき $X = 0$ とする確率変数 X を考える。この確率変数 X の確率分布を示せ。

（答）
この確率変数 X は表7.3に示すような確率分布に従う。

表 **7.3**　コイン投げの確率分布

x	0	1	合計
$p(x)$	$\dfrac{1}{2}$	$\dfrac{1}{2}$	1

離散型確率変数と連続型確率変数

　確率変数の取り得る値が離散的（とびとび）である確率変数を**離散型確率変数**という。離散型確率変数では，取り得る値に対して確率が対応する。つまり，確率変数 X の取り得る値が k 種類あり，それらの値を $x_1, x_2, \cdots, x_k$ とするとき，対応する確率を

$$P(X = x_i) = p(x_i) = p_i \quad (i = 1, 2, \cdots, k)$$

と表す。また，確率変数 X が取り得る k 種類の値 x_i の確率 p_i をすべて加えると1になる。つまり，次のことが成り立つ。

$$p_1 + p_2 + \cdots + p_k = \sum_{i=1}^{k} p_i = 1$$

上のサイコロ投げやコイン投げで考えている確率変数は，離散型確率変数の例である。表 7.1 などのように表を用いた表し方もあるが，ゆがみのないサイコロ投げの確率変数については，

$$P(X = 1) = \frac{1}{6}, \; P(X = 2) = \frac{1}{6}, \; P(X = 3) = \frac{1}{6},$$
$$P(X = 4) = \frac{1}{6}, \; P(X = 5) = \frac{1}{6}, \; P(X = 6) = \frac{1}{6}$$

または，

$$P(X = x) = \frac{1}{6} \quad (x = 1, 2, 3, 4, 5, 6)$$

と表わせる。同様に，ゆがみのないコイン投げの確率変数については，

$$P(X = 0) = \frac{1}{2}, \; P(X = 1) = \frac{1}{2}$$

または，

$$P(X = x) = \frac{1}{2} \quad (x = 0, 1)$$

と表わせる。

例題 **7.2**　　表 7.2 で示したゆがみのあるサイコロ投げの確率分布を
$P(X = x_i) = p_i$ $(i = 1, 2, \cdots, 6)$ の形で示せ。

（答）

この確率変数 X は次のように示すことができる。

$$P(X = 1) = \frac{1}{12}, \; P(X = 2) = \frac{1}{12}, \; P(X = 3) = \frac{1}{3},$$
$$P(X = 4) = \frac{1}{12}, \; P(X = 5) = \frac{1}{12}, \; P(X = 6) = \frac{1}{3}$$

　確率変数の取り得る値が連続的な値（実数値）である確率変数を**連続型確率変数**という。連続型確率変数では，取り得る区間に対して確率を考える。つまり，連続型確率変数 X に対して，それが区間 $[a, b]$ 内の値をとる確率を

$$P(a \leqq X \leqq b)$$

と表す。たとえば，高校 1 年生の男子の中から 1 人を選んだとき，その男子の体重が 60kg 以上 80kg 以下，つまり，区間 $[60, 80]$ に入っている確率が 0.6 である場合，

$$P(60 \leqq X \leqq 80) = 0.6$$

のように表す[1]。

　先に述べたように確率分布は，確率変数の取り得る値とそれらの確率との対応関係をいう。いくつかの代表的な確率分布には名前がついており，確率変数 X と特定の確率分布 D に対応関係がある場合，

確率変数 X は確率分布 D に従う

という。たとえば，ゆがみのないサイコロ投げの場合，どの目も同じ確率 1/6 で出現することから，「確率変数 X は**離散型一様分布**に従う」という。後述する二項分布や正規分布は確率分布の中でも特に重要で，これらに対して，確率変数 X は二項分布に従う，または，正規分布に従う，のように表現する。

---

[1] 本文中では，誤解が生じない限り離散型，連続型を明記せず，単に確率変数とする。

§7.2 平均，分散，標準偏差

　確率変数の分布を理解するために，確率変数の平均，分散，標準偏差を用いることがある。後述する二項分布と正規分布を特徴づける場合にも，これらの値が重要である。ここでは，離散型確率変数（以後，単に確率変数と記す）の平均，分散，標準偏差について述べる。

　はじめに，10本からなるくじがあり，この中から1本くじを引くときに得られる賞金額の平均を考える。このくじの賞金と本数は，1等が600円で1本，2等が200円で3本，3等が100円で6本である。平均は賞金総額をくじの総数で割ったものなので，次のように求められる。

$$\frac{600 \times 1 + 200 \times 3 + 100 \times 6}{10} = 180(円)$$

この式は次のように書きなおすことができる。

$$600 \times \frac{1}{10} + 200 \times \frac{3}{10} + 100 \times \frac{6}{10} = 180(円)$$

賞金額とその額を得る確率を，確率変数 X とその確率分布を用いて示すと

$$P(X = 600) = \frac{1}{10}, \ P(X = 200) = \frac{3}{10}, \ P(X = 100) = \frac{6}{10}$$

と書けるので，平均は，確率変数 X が取り得る k 種類の値 x_i と対応する確率 $P(X = x_i) = p_i \ (i = 1, 2, \cdots, k)$ を掛けて，すべてを加え合わせればよいことがかわかる。

確率変数の平均（期待値）

　一般に，確率変数 X の**平均** $E(X)$ は次のように定義される。

$$E(X) = x_1 p_1 + x_2 p_2 + \cdots + x_k p_k = \sum_{i=1}^{k} x_i p_i$$

また，$E(X)$ は X の**期待値**ともいう。

表 7.1 のゆがみのないサイコロ投げの場合, 確率変数 X の平均は,

$$E(X) = 1 \times \frac{1}{6} + 2 \times \frac{1}{6} + \cdots + 6 \times \frac{1}{6} = \frac{21}{6} = \frac{7}{2}$$

となる。これを表 7.4 のように表を利用して計算することもある。表 7.4 の1行目と 2行目が表 7.1 の確率分布である。3行目は 1行目と 2行目の掛け算で, 最後の列が合計である。これより, 平均 $E(X) = 21/6 = 7/2$ となる。

表 **7.4**　サイコロ投げの平均を求める表

x	1	2	3	4	5	6	合計
$p(x)$	$\frac{1}{6}$	$\frac{1}{6}$	$\frac{1}{6}$	$\frac{1}{6}$	$\frac{1}{6}$	$\frac{1}{6}$	1
$x \cdot p(x)$	$\frac{1}{6}$	$\frac{2}{6}$	$\frac{3}{6}$	$\frac{4}{6}$	$\frac{5}{6}$	$\frac{6}{6}$	$\frac{21}{6}$

確率変数 $aX + b$ と X^2 の平均

確率変数 X の取り得る k 種類の値が x_i $(i = 1, 2, \cdots, k)$ のとき, $aX + b$ は値 $ax_i + b$ を取る確率変数となる。これらの値に対応する確率は, $P(X = x_i) = p_i$ であることから $P(aX + b = ax_i + b) = p_i$ となる。これより, 確率変数 $aX + b$ の平均は,

$$E(aX + b) = (ax_1 + b)p_1 + (ax_2 + b)p_2 + \cdots + (ax_k + b)p_k$$

である。これを書きなおすと,

$$a(x_1 p_1 + x_2 p_2 + \cdots + x_k p_k) + b(p_1 + p_2 + \cdots + p_k)$$

となる。つまり, 確率変数 $aX + b$ の平均について次のような式が成り立つ。

$$E(aX + b) = aE(X) + b$$

このことから, たとえば, ゆがみのないサイコロ投げの場合, 出る目を確率変数 X とすると, 確率変数 $10X + 5$ の平均は $10 \times 7/2 + 5 = 40$ となる。

同様に, X^2 は値 x_i^2 を取る確率変数である。それらの値に対応する確率が $P(X = x_i^2) = p_i$ であることから, 確率変数 X^2 の平均は,

$$E(X^2) = x_1^2 p_1 + x_2^2 p_2 + \cdots + x_k^2 p_k = \sum_{i=1}^{k} x_i^2 p_i$$

である。たとえば，ゆがみのないサイコロ投げの場合，

$$E(X^2) = 1^2 \times \frac{1}{6} + 2^2 \times \frac{1}{6} + \cdots + 6^2 \times \frac{1}{6} = \frac{91}{6}$$

となる。このように，確率変数 X の関数 $g(X)$ も確率変数であり，$g(X)$ の平均は，

$$E(g(X)) = g(x_1)p_1 + g(x_2)p_2 + \cdots + g(x_k)p_k = \sum_{i=1}^{k} g(x_i)p_i$$

となる。 $E(g(X))$ は確率変数 $g(X)$ の期待値ともいう。

例題 7.3 本節のはじめに示したくじ（600 円が 1 本，200 円が 3 本，100 円が 6 本）について，賞金額 X を変更して新たな賞金額を次のようにした。それぞれの平均を求めよ。

(1) $0.5X + 100$ （円）　　　(2) $0.01X^2$ （円）

（答）

(1) $E(0.5X + 100) = 0.5E(X) + 100 = 0.5 \times 180 + 100 = 190$ （円）

(2) $E(0.01X^2) = 3600 \times \dfrac{1}{10} + 400 \times \dfrac{3}{10} + 100 \times \dfrac{6}{10} = 360 + 120 + 60 = 540$ （円）

確率変数の分散と標準偏差

確率変数の平均を $\mu = E(X)$ とすると，**分散** $V(X)$ は次のように定義される。

$$V(X) = E((X - \mu)^2)$$

標準偏差は分散の正の平方根で，

$$\sigma(X) = \sqrt{V(X)}$$

と定義される。確率変数 $X - \mu$ は X の平均 μ からの偏差である。偏差の 2 乗 $(X - \mu)^2$ も確率変数で，分散はその平均を意味する。具体的に書くと，

$$V(X) = (x_1 - \mu)^2 p_1 + (x_2 - \mu)^2 p_2 + \cdots + (x_k - \mu)^2 p_k = \sum_{i=1}^{k} (x_i - \mu)^2 p_i$$

となる。この式を変形すると，

$$
\begin{aligned}
V(X) &= \sum_{i=1}^{k} (x_i - \mu)^2 p_i = \sum_{i=1}^{k} (x_i^2 - 2\mu x_i + \mu^2) p_i \\
&= \sum_{i=1}^{k} x_i^2 p_i - 2\mu \sum_{i=1}^{k} x_i p_i + \mu^2 \sum_{i=1}^{k} p_i \\
&= \sum_{i=1}^{k} x_i^2 p_i - 2\mu \times \mu + \mu^2 \times 1 = \sum_{i=1}^{k} x_i^2 p_i - \mu^2
\end{aligned}
$$

となる。つまり，確率変数 X の分散は次の式を用いて求めることができる。

$$V(X) = E(X^2) - \{E(X)\}^2$$

たとえば，ゆがみのないサイコロ投げの場合，$E(X) = 7/2$，$E(X^2) = 91/6$ であったので，分散は $V(X) = E(X^2) - \{E(X)\}^2 = 91/6 - (7/2)^2 = 35/12$ となる。また，標準偏差は $\sigma(X) = \sqrt{35/12} \fallingdotseq 1.71$ となる。

分散の定義から直接求めることもでき，表 7.5 を用いて説明する。1 行目と 3 行目は表 7.4 と同じである。2 行目は平均 $\mu = 7/2$ を用いた $(x_i - \mu)^2$ の値である。4 行目は，2 行目と 3 行目の掛け算で，最後の列が合計である。これより，分散 $V(X) = 70/24 = 35/12$ となる。

確率変数 $aX + b$ の分散と標準偏差

確率変数 $aX + b$ の平均は $a\mu + b$ なので，分散 $V(aX + b)$ は，

$$V(aX + b) = E((aX + b - (a\mu + b))^2)$$

である。この式を変形すると，

$$E((aX - a\mu)^2) = E(a^2(X - \mu)^2) = a^2 E((X - \mu)^2) = a^2 V(X)$$

表**7.5** サイコロ投げの平均と分散を求める表

x	1	2	3	4	5	6	合計
$(x-\mu)^2$	$\dfrac{25}{4}$	$\dfrac{9}{4}$	$\dfrac{1}{4}$	$\dfrac{1}{4}$	$\dfrac{9}{4}$	$\dfrac{25}{4}$	
$p(x)$	$\dfrac{1}{6}$	$\dfrac{1}{6}$	$\dfrac{1}{6}$	$\dfrac{1}{6}$	$\dfrac{1}{6}$	$\dfrac{1}{6}$	1
$(x-\mu)^2 \cdot p(x)$	$\dfrac{25}{24}$	$\dfrac{9}{24}$	$\dfrac{1}{24}$	$\dfrac{1}{24}$	$\dfrac{9}{24}$	$\dfrac{25}{24}$	$\dfrac{70}{24}$

となる。これから，確率変数 $aX + b$ の分散と標準偏差は，

$$V(aX + b) = a^2 V(X), \qquad \sigma(aX + b) = |a|\sigma(X)$$

となる。

確率変数の平均，分散，標準偏差の記号にはいくつかあるが，本書では，平均は $E(X)$ と μ，分散は $V(X)$ と σ^2，標準偏差は $\sigma(X)$ と σ を用いる[2]。

例題 7.4 表7.2で示したゆがみのあるサイコロ投げの場合の確率変数 X の平均，分散，標準偏差を求めよ。また，確率変数 $Y = 6X + 10$ の平均，分散，標準偏差を求めよ。

（答）

表7.2 ゆがみのあるサイコロ投げの場合，確率変数 X の平均は，

$$E(X) = 1 \times \frac{1}{12} + 2 \times \frac{1}{12} + \cdots + 6 \times \frac{1}{3} = 4$$

となる。また，

$$E(X^2) = 1^2 \times \frac{1}{12} + 2^2 \times \frac{1}{12} + \cdots + 6^2 \times \frac{1}{3} = \frac{113}{6}$$

より，分散は $V(X) = 113/6 - 4^2 = 17/6$, 標準偏差は $\sigma(X) = \sqrt{17/6} \fallingdotseq 1.68$ となる。これより，確率変数 Y の平均は $E(Y) = 6 \times 4 + 10 = 34$, 分散は $V(Y) = 6^2 \times 17/6 = 102$, 標準偏差は $\sigma(Y) = \sqrt{102} \fallingdotseq 10.1$ となる。

---

[2] 記号 μ（ミュー）は m，σ（シグマ）は s に対応するギリシャ文字である。

§**7.3** 二項分布と正規分布

統計学を学ぶ上で特に重要である二項分布と正規分布について説明する。二項分布と正規分布は，それぞれ離散型確率分布と連続型確率分布の代表的な分布である。

二項分布

試行結果が2種類の場合について考える。たとえば，コインの表裏，サイコロの目が3の倍数かそれ以外の目か，くじ引きが当たりか否かなどである。2種類の結果の一方を「成功」，他方を「失敗」と表現し，それぞれを「1」と「0」の数値によって表す。一般に，成功 ($X = 1$) の確率を $p(0 \leqq p \leqq 1)$ とすると，失敗 ($X = 0$) の確率は $1 - p$ である。成功確率 p が一定の反復試行を n 回行ったとき，成功回数 X を確率変数とする離散型確率分布を**二項分布**（Binomial分布）という。

6.2節の「反復試行の確率」で示したように，成功確率 p が一定の場合，n 回の反復試行中，成功が x 回，失敗が $(n - x)$ 回である確率は次のように求められる。

$$P(X = x) = {}_n\mathrm{C}_x p^x (1 - p)^{n-x} \quad (x = 0, 1, 2, \cdots, n)$$

ここで，${}_n\mathrm{C}_x$ は，n 回中 x 回成功する「組合せの数」である。成功が x 回，失敗が $(n - x)$ 回の特定の試行が生じる確率は $p^x (1 - p)^{n-x}$，このような試行は ${}_n\mathrm{C}_x$ 通りあるので，${}_n\mathrm{C}_x$ と $p^x (1 - p)^{n-x}$ を掛け合わせることによって，上の確率が求まる。

離散型確率分布の確率変数 X がある値 x をとる確率が $P(X = x) = p(x)$ と与えられるとき，この $p(x)$ を確率変数 X の**確率関数**という。二項分布の確率関数は $P(X = x) = {}_n\mathrm{C}_x p^x (1 - p)^{n-x}$ である。

二項分布の性質

二項分布は，成功確率 p と反復試行回数 n によって形状が決まるので，記号 $B(n, p)$ と表し，確率変数 X は二項分布 $B(n, p)$ に従うという。二項分布

$B(n, p)$ に従う確率変数 X の平均，分散，標準偏差はそれぞれ

$$\mu = np, \ \sigma^2 = np(1 - p), \ \sigma = \sqrt{np(1 - p)}$$

となる。

　図 7.1 は二項分布 $B(10, 0.4)$ の概形である。このとき，確率変数 X の平均は $10 \times 0.4 = 4$ で，分散は $10 \times 0.4 \times (1 - 0.4) = 2.4$，標準偏差は $\sqrt{2.4} \fallingdotseq 1.55$ となる。図 7.1 において，4 のところに山があるのが見て取れる。

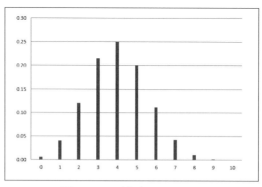

図 7.1　二項分布 $B(10, 0.4)$

例題 7.5　確率変数 X が二項分布 $B(5, 0.2)$ に従うとき，$P(X = 3)$，確率変数 X の平均，分散，標準偏差を求めよ。

（答）

それぞれ次のようになる。

$P(X = 3) = {}_5\mathrm{C}_3 \times 0.2^3 \times (1 - 0.2)^{5-3} = 10 \times 0.2^3 \times 0.8^2 = 0.0512$，

平均 $\mu = 5 \times 0.2 = 1$，　分散 $\sigma^2 = 5 \times 0.2 \times 0.8 = 0.8$，

標準偏差 $\sigma = \sqrt{0.8} \fallingdotseq 0.89$

正規分布

　連続型確率分布は離散型確率分布と異なり，確率変数 X に対しある値 x をとる確率 $P(X = x)$ が決まるのではなく，関数 $f(x) \geqq 0$ で分布全体を表

す。この関数 $f(x)$ を確率変数 X の**確率密度関数**という。確率密度関数は，観測値を多くとり，ヒストグラムの階級幅を小さくしていくときに近づく 1 つの曲線を考えるとよい（図 2.7 のなめらかなヒストグラムを参照）。

7.1 節で説明したように， 連続型確率変数 X が区間 $[a, b]$ 内の値をとる確率 $P(a \leqq X \leqq b)$ を考える。この確率を $f(x)$ を用いて表現すると

$$P(a \leqq X \leqq b) = \int_a^b f(x)dx$$

となる。また，$\int_{-\infty}^{\infty} f(x)dx = 1$ である。このように，連続型確率変数については積分の知識が必要となるが，統計検定 3 級では，積分の計算により値を求めることはない。

最も重要な連続型確率分布は**正規分布**（ガウス分布；Normal 分布）である。正規分布 $N(\mu, \sigma^2)$ の確率密度関数は，μ と σ^2 により定まり，次のように表せる。

$$f(x) = \frac{1}{\sqrt{2\pi\sigma^2}} \, e^{\frac{-(x-\mu)^2}{2\sigma^2}} \quad (-\infty < x < \infty)$$

ここで，e はネピアの数と呼ばれる無理数である（A.3 参照）。統計検定 3 級では，正規分布の式は覚える必要はなく，特徴を理解しておくだけでよい。

図 7.2 は正規分布 $N(\mu, \sigma^2)$ の概形である。正規分布の特徴を列挙すると次のようになる。

- 平均は μ，分散は σ^2 である。
- 山が一つ（単峰）で，平均 μ に関して左右対称であり，$x = \mu$ で最大値をとる。また，$x = \pm\sigma$ が変曲点になっている。
- 左右にすそを引くなだらかなベルカーブ（ヨーロッパのベルの形）である。
- 曲線と横軸（漸近線となる）で囲まれた部分の面積は 1 である。
- X が $(\mu - \sigma, \mu + \sigma)$ に入る確率は約 68%（約 2/3），$(\mu - 2\sigma, \mu + 2\sigma)$ に入る確率は約 95%，$(\mu - 3\sigma, \mu + 3\sigma)$ に入る確率は約 99.7% である。

正規分布の性質

正規分布には次のような重要な性質がある。

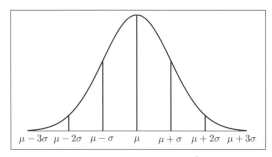

図 **7.2** 正規分布 $N(\mu, \sigma^2)$

1) 確率変数 X が正規分布 $N(\mu, \sigma^2)$ に従うとき，X の1次関数 $Y = aX + b$ は正規分布 $N(a\mu + b, a^2\sigma^2)$ に従う。

2) 1) の特殊な場合として $a = 1/\sigma, b = -\mu/\sigma$ のとき，つまり，

$$Z = (X - \mu)/\sigma$$

と変換すると，Z は平均 0，分散 1 の正規分布 $N(0, 1)$ に従う。

3) 確率変数 X が二項分布 $B(n, p)$ に従い，n が大きいとき，確率変数 X が従う分布は正規分布 $N(np, np(1 - p))$ で近似できる。

2) で示した $N(0, 1)$ を**標準正規分布**という。Z を与える変換，すなわち確率変数 X から平均 μ を引き，標準偏差 σ で割る操作を**標準化**と呼ぶが，その考え方は 3.3 節の観測値の標準化と同様である。また，本書では，p.221 に標準正規分布の上側確率 $Q(u) = P(Z \geq u)$ の値を示す数表「標準正規分布の上側確率」を載せている（図 7.3 参照）。なお，標準正規分布に従う確率変

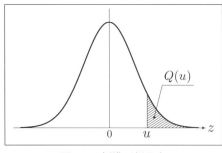

図 **7.3** 標準正規分布

数は Z で表す。

標準化と数表から，任意の平均，分散（または標準偏差）をもつ正規分布の下側，上側，内側，外側の確率を求めることができる（次節の計算例等を参照）。

§ **7.4** 正規分布と確率の計算

標準正規分布 $N(0, 1)$ の確率

はじめに，標準正規分布について，$u = 1.96$ として，縦線 $z = 1.96$ から上側の面積である $Q(1.96) = P(Z \geqq 1.96)$ の値を p.221 の数表より求める。

まず，数表の左側の数値から 1.9 を探す。次に，横に 7 つ（上側の 0.06 のところまで）進める。その値 0.0250 が，

$$P(Z \geqq 1.96) = 0.0250$$

を意味している。これが本数表の見方の基本である。さらにいくつかの計算例を示す。

- $P(Z \leqq 1.96)$ を求める。全体の面積が 1 であることから，$P(Z \leqq 1.96) = 1 - P(Z \geqq 1.96) = 1 - 0.0250 = 0.9750$ となる。
- $P(Z \leqq -1.96)$ を求める。正規分布は左右対称なので，$P(Z \leqq -1.96) = P(Z \geqq 1.96) = 0.0250$ となる。
- $P(|Z| \leqq 1.96)$ を求める。正規分布は左右対称なので，$P(|Z| \leqq 1.96) = 1 - 2 \times P(Z \geqq 1.96) = 1 - 2 \times 0.0250 = 0.950$ となる。

このように，全面積が 1 であることや分布の対称性を用いれば，上側確率 $Q(u)$ の値だけからどのような確率でも計算できる。

次に，$P(Z \geqq z) = 0.10$ になる z を求める。数表中の 0.500 から始まる数値の中で 0.10 に一番近いところを探す。0.1003 が一番近いのでこの値の左端の数値 1.2 と上側の数値 0.08 を足して 1.28 と求める。つまり，$P(Z \geqq 1.28) \fallingdotseq 0.10$ となる。

　標準正規分布について，しばしば参照される確率を下に与えておく。これらは覚えておくと便利である。

$$P(Z \geqq 1.28) = 0.10, \quad P(Z \geqq 1.645) = 0.05, \quad P(Z \geqq 1.96) = 0.025,$$
$$P(-1.645 \leqq Z \leqq 1.645) = 0.90, \quad P(-1.96 \leqq Z \leqq 1.96) = 0.95$$

一般の正規分布 $N(\mu, \sigma^2)$ の確率

　確率変数 X が一般の正規分布 $N(\mu, \sigma^2)$ に従うとき，標準化と標準正規分布 $N(0,1)$ の表を用いて，X がある区間に入る確率を求めることができる。たとえば，確率変数 X が正規分布 $N(50, 10^2)$ に従う場合，$P(X \geqq 65)$ は，

$$P(X \geqq 65) = P\left(\frac{X-50}{10} \geqq \frac{65-50}{10}\right) = P(Z \geqq 1.5) = 0.0668$$

である。ここで，左辺は $N(50, 10^2)$ の場合の確率で，次の式変形は標準化への変換を意味する。以降は標準正規分布 $N(0,1)$ の場合の確率であり，p. 221 の数表を用いて値を求めている。

例題 7.6　確率変数 X が正規分布 $N(60, 5^2)$ に従うとき，次の値を求めよ。
$$P(X \geqq 68), \quad P(X \leqq 65), \quad P(65 \leqq X \leqq 70)$$

（答）
それぞれ次のようになる。

$$P(X \geqq 68) = P\left(\frac{X-60}{5} \geqq \frac{68-60}{5}\right) = P(Z \geqq 1.6) = 0.0548$$

$$P(X \leqq 65) = P\left(\frac{X-60}{5} \leqq \frac{65-60}{5}\right) = P(Z \leqq 1.0) = 1 - 0.1587 = 0.8413$$

$$P(65 \leqq X \leqq 70) = P\left(\frac{65-60}{5} \leqq \frac{X-60}{5} \leqq \frac{70-60}{5}\right) = P(1.0 \leqq Z \leqq 2.0)$$
$$= 0.1587 - 0.0228 = 0.1359$$

二項分布の正規近似

　前節で与えた正規分布の性質 3)，すなわち，

確率変数 X が二項分布 $B(n,p)$ に従い，n が大きいとき，

確率変数 X が従う分布は正規分布 $N(np, np(1-p))$ で近似できる

を具体的に説明する。たとえば，図 7.4 は $p = 0.2, n = 50$ の場合の二項分布の確率関数（縦線）と，それに対応する正規分布 $N(10,8)$ の確率密度関数（曲線）を重ねて描いたものである。これら 2 つはおおよそ一致していることが見て取れる。

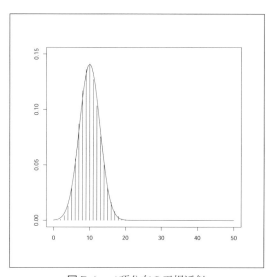

図 7.4 二項分布の正規近似

この性質を用いて，二項分布 $B(n,p)$ の確率を正規分布 $N(np, np(1-p))$ の確率を用いて求めることを示す。たとえば，確率変数 X が二項分布 $B(700, 0.4)$ に従う場合の $P(X \geqq 300)$ を求める。

確率変数 X が二項分布 $B(700, 0.4)$ に従うとき，確率変数 X の平均は $\mu = 700 \times 0.4 = 280$，分散は $\sigma^2 = 700 \times 0.4 \times (1 - 0.4) = 168$ であるので，X の分布を正規分布 $N(280, 168)$ で近似し，次のような式変形を行い，標準正規分布 $N(0, 1)$ の確率を用いて求めている。

$$P(X \geqq 300) \fallingdotseq P\left(Z \geqq \frac{300 - 280}{\sqrt{168}}\right) = P(Z \geqq 1.54) = 0.0618$$

ここで，左辺は二項分布における確率で，次の式変形は正規分布近似と標準化への変換を意味する。以降は標準正規分布 $N(0, 1)$ の場合の確率であり，p. 221 の数表を用いて値を求めている。

確率変数 X が二項分布 $B(700, 0.4)$ に従うとき，$P(X \geqq 300)$ は計算機を用いて計算すると約 0.067 である。この近似をさらによくするには連続修正という手法を用いるが，統計検定 3 級では触れない。

例題 **7.7**　確率変数 X が二項分布 $B(100, 0.2)$ に従うとき，正規分布近似を用いて次の値を求めよ。

$$P(X \geqq 30), \quad P(X \leqq 28), \quad P(16 \leqq X \leqq 24)$$

（答）

確率変数 X が二項分布 $B(100, 0.2)$ に従うとき，確率変数 X の平均は $\mu = 100 \times 0.2 = 20$，分散は $\sigma^2 = 100 \times 0.2 \times 0.8 = 16$ であるので，X の分布は $N(20, 4^2)$ で近似でき，それぞれ次のようになる。

$$P(X \geqq 30) \fallingdotseq P\left(Z \geqq \frac{30 - 20}{4}\right) = P(Z \geqq 2.5) = 0.0062$$

$$P(X \leqq 28) \fallingdotseq P\left(Z \leqq \frac{28 - 20}{4}\right) = P(Z \leqq 2.0) = 1 - 0.0228 = 0.9772$$

$$P(16 \leqq X \leqq 24) \fallingdotseq P\left(\frac{16 - 20}{4} \leqq Z \leqq \frac{24 - 20}{4}\right) = P(-1.0 \leqq Z \leqq 1.0)$$
$$= 1 - 2 \times 0.1587 = 1 - 0.3174 = 0.6826$$

（解答は **214** ページです）

■■■ 練習問題

問7.1　あるくじは，1000円が1本，500円が2本，200円が5本，はずれが12本である。賞金額を確率変数 X とする。

(1)　$P(X = 200)$ はいくらか。次の ① ～ ④ のうちから適切なものを一つ選べ。

① 5/8　　② 5/10　　③ 5/12　　④ 5/20

(2)　賞金額 X の平均と標準偏差はいくらか。次の ① ～ ④ のうちから適切なものを一つ選べ。

① 平均=150，標準偏差=150　② 平均=150，標準偏差=250

③ 平均=375，標準偏差=268　④ 平均=375，標準偏差=300

問7.2　ある確率変数 X の平均は 15，分散は 9 である。確率変数 $Y = 10X + 20$ の平均と分散はいくらか。

次の ① ～ ④ のうちから適切なものを一つ選べ。

① 平均=150，分散=9　　② 平均=150，分散=81

③ 平均=170，分散=100　　④ 平均=170，分散=900

問 **7.3**　次の表は，2018 年の年末に販売された第 771 回全国自治宝くじの年末ジャンボ宝くじと年末ジャンボミニ宝くじの当選金額（単位：円）と当選確率を表したものである。

年末ジャンボ宝くじ

当選金額	当選確率
7 億	2000 万分の 1
1 億 5000 万	1000 万分の 1
1000 万	2000 万分の 3
100 万	20 万分の 1
10 万	4763 分の 1
1 万	1000 分の 1
3000	100 分の 1
300	10 分の 1

年末ジャンボミニ宝くじ

当選金額	当選確率
3000 万	200 万分の 1
1000 万	50 万分の 1
100 万	10 万分の 1
10 万	3333 分の 1
2 万	5000 分の 1
1 万	1000 分の 1
3000	100 分の 1
300	10 分の 1

(1)　年末ジャンボミニ宝くじの 1 枚あたりの当選金額の平均は 149 円であった。年末ジャンボ宝くじと年末ジャンボミニ宝くじの当選金額の平均の比較について，次の ①〜④ のうちから最も適切なものを一つ選べ。

① 年末ジャンボ宝くじの当選金額の平均の方が高い

② 2 つの宝くじの当選金額の平均は等しい

③ 年末ジャンボミニ宝くじの当選金額の平均の方が高い

④ 購入するたびに，どちらの平均が高いか変わる

(2)　年末ジャンボミニ宝くじが 3 億枚売れたとする。また，年末ジャンボミニ宝くじは 1 枚 300 円で販売されている。このとき，販売額と総当選金額の差はおよそいくらか。次の ①〜④ のうちから最も適切なものを一つ選べ。

① 300 億円　　② 447 億円　　③ 453 億円　　④ 514 億円

問 **7.4**　あるクラスで 5 人の生徒が同じ大学を受験した。それぞれの生徒の試験の合格は独立で，合格率は皆 0.4 であると仮定する。

(1)　5 人中いずれか 1 人だけが合格し，残りの 4 人が不合格となる確率はいくらか。次の ①〜④ のうちから最も適切なものを一つ選べ。

　　　① 0.052　　**②** 0.240　　**③** 0.259　　**④** 0.400

(2)　合格人数の平均と分散はいくらか。次の ①〜④ のうちから適切なものを一つ選べ。

　　① 平均=2，分散=0.8　　**②** 平均=2，分散=1.2
　　③ 平均=4，分散=1.6　　**④** 平均=4，分散=2.4

問 **7.5**　白球 3 個，赤球 2 個，青球 5 個が入っている袋の中から球を 3 回取り出す。取り出された白球の個数を X，青球の個数を Y とする。ここで，取り出した球は毎回もとに戻す。

(1)　X および Y の平均と分散はいくらか。次の ①〜④ のうちから適切なものを一つ選べ。

① $E(X) = 0.9,\ V(X) = 0.63,\ E(Y) = 1.5,\ V(Y) = 0.75$

② $E(X) = 0.9,\ V(X) = 0.63,\ E(Y) = 0.6,\ V(Y) = 0.48$

③ $E(X) = 1.0,\ V(X) = 0.70,\ E(Y) = 1.5,\ V(Y) = 0.75$

④ $E(X) = 1.0,\ V(X) = 0.70,\ E(Y) = 0.6,\ V(Y) = 0.48$

(2)　$X + Y$ の平均と分散はいくらか。次の ①〜④ のうちから適切なものを一つ選べ。

① $E(X + Y) = 2.4,\ V(X + Y) = 1.38$

$$\textcircled{2}\ E(X+Y) = 2.4,\ \ V(X+Y) = 0.48$$

$$\textcircled{3}\ E(X+Y) = 1.5,\ \ V(X+Y) = 1.45$$

$$\textcircled{4}\ E(X+Y) = 1.5,\ \ V(X+Y) = 0.70$$

問 **7.6**　ある生徒の数学の点数 X は正規分布 $N(65, 5^2)$ に従う。この生徒の数学の点数が 68 点以上である確率 P_A，65 点以上 70 点以下である確率 P_B はいくらか。次の $\textcircled{1}$〜$\textcircled{4}$ のうちから最も適切なものを一つ選べ。

$\textcircled{1}\ P_A = 0.274,\ P_B = 0.341$ $\textcircled{2}\ P_A = 0.274,\ P_B = 0.159$

$\textcircled{3}\ P_A = 0.726,\ P_B = 0.341$ $\textcircled{4}\ P_A = 0.726,\ P_B = 0.159$

問 **7.7**　あるペットボトルのキャップを投げて表が出る確率が 0.3 である。このペットボトルのキャップを 300 回投げたときに表が 100 回以上出る確率 P_A，75 回以上出る確率 P_B はいくらか。次の $\textcircled{1}$〜$\textcircled{4}$ のうちから最も適切なものを一つ選べ。

$\textcircled{1}\ P_A = 0.074,\ P_B = 0.541$ $\textcircled{2}\ P_A = 0.084,\ P_B = 0.671$

$\textcircled{3}\ P_A = 0.094,\ P_B = 0.871$ $\textcircled{4}\ P_A = 0.104,\ P_B = 0.971$

8. データの収集：
実験・観察・調査

この章での目標

- 統計的問題解決プロセスを理解し，データ収集法の重要性を理解する
- 実験や調査を行い，現実の問題を解決可能な問題へと定式化できる
- 実験研究と観察研究の違いを理解し，実施上で重要な点を理解する
- 標本調査の仕組みを理解し，標本収集法や標本の大きさの重要性を理解する
- 標本誤差や非標本誤差を理解し，偏りのない抽出の重要性を理解する
- 無作為抽出の必要性やその方法を理解する

■■■ Key Words

- PPDAC サイクル
- 実験研究，観察研究
- 処理群と対照群
- 全数調査，標本調査
- 国勢調査
- 母集団，標本，標本の大きさ
- 標本誤差と非標本誤差，偏り
- 無作為抽出，乱数表

§ 8.1 統計的問題解決におけるデータの収集

第1章で，我々は不確実性をもつデータに基づいて，それらが得られた集団，それらを発生させたメカニズムに関して何らかの知見を得ることに興味があること，そしてこのような問題を定式化し，それを解決するためのさまざまな方法論を提供するのが，統計学の目的であることを述べた。このために，**統計学**ではまず知見を得たい集団を明確に設定し，適切に計画された実験や調査によりデータを抽出する。次にそのようにして得たデータから，知見を得るのに役立つように少数個の数値やグラフにまとめ上げることにより情報抽出を行う。そしてそれを基に適当な統計モデルなどを設定して推測を行い，集団やメカニズムに関する知見を得るというプロセスをたどる。

ところで，統計解析では，あらかじめデータが与えられていると考えている人も多い。しかし，本来統計解析を行う際には，目的に応じてデータを収集するところから始めるのが一般的である。このデータを収集する際にミスを犯してしまうと，いくらデータを詳細に解析しても本来の目的に対する適切な結果を導くことは難しい。そのため，統計的な問題解決を行う際には，データの解析法の知識を身につけるだけでなく，データを収集するための計画やデータの整理の方法などについてもしっかり考えておく必要がある。また，データの解析を行ったあとも，問題解決を目指して更にデータの収集を行う場合もあり，その方法に関しても注意を払う必要がある。ここでは，統計的な問題解決の一手法の，巡回型プロセスである**PPDACサイクル**などについて，正しく理解しておく必要がある。

ここで，PPDACサイクルの5つのステップについて，簡単に紹介しておこう（図8.1参照）。まず，最初のProblemステップでは，問題の明確化を行う。一般に問題解決のプロセスといっても，最初の段階では問題そのものがそれほど明確でない場合が多い。次に第二のPlanステップでは，実験や調査の計画を立てる。すなわち，Problemステップで明確となった問題に対して，どのように実験や調査を実施するのかを決める。ここでは，対象に対してどのような測定を行うのか，という点が重要である。第三のDataステップでは，データの収集を行う。これは，基本的にはPlanステップで策

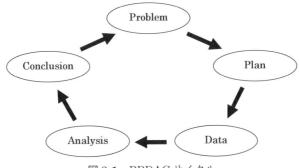

図 **8.1** PPDAC サイクル

定した計画に基づいて行われるが，データ収集の際に生じる，欠測値の問題や回答の誤りなどに対しても適切に対応する必要がある。また，測定された値の取り扱いについても配慮する必要がある。測定値の有効桁数の設定や，測定に際して生じる誤りの修正などについても考慮する必要がある。第四のAnalysis ステップでは，データの分析を行う。すなわち，収集されたデータに対して，データを集計した結果を表としてまとめたり，グラフを使って表現したりする段階である。もちろん，この段階でも最初に設定した問題を意識しながら，その分析方法について検討する必要がある。最後の Conclusionステップでは，問題の解決を行う。すなわち，データの分析結果に基づいて，Problem ステップで考えた問題について判断を行う。その際には，データの収集の方法や実際の測定の状況等を考慮して解釈をする必要がある。一般に，1回のサイクルだけで問題が解決するとは限らない。問題に対して明確な判断ができない場合には，さらに次の問題を考える必要がある。

問題の明確化

　ここで，上述した統計的問題解決のプロセスにおける Problem ステップの問題の明確化について，さらに詳しく考える。私たちが実験や調査を行うときの最初の段階では，漠然としたアイデアから始まることも多い。たとえば，「小さいときにこうしておけば頭がよくなる」とか，「この運動をすると健康になる」というような記述が正しいのか，という問題意識からスタートする。

　しかし，これらの記述は，具体的にそれが本当に成り立つかどうかをデータで示すことは難しい。「この運動をする」とはどういうことなのか，「毎日3時間以上しないといけないのか」，それとも「週1回1時間程度の運動でよいのか」というように，運動そのものの定義を行う必要があるだろう。また，「健康になる」ということの意味も明確にする必要がある。「治療中の病気がなければ健康なのか」，もっと厳しく，「メタボリック症候群の疑いがあった場合には健康とはみなさないのか」というように，健康をどう定義するのかによっても，問題が大きく違ってくるのである。

　それでは，どの程度明確にすればよいのであろうか。その1つの答えは，その問題に対して，得られたデータで結論が出せる，というレベルまで問題を具体化することである。この部分が曖昧な場合には，次の Plan ステップで行う実験や調査の計画を決めることができないからである。もちろん，このような問題の具体化を行うことによって，最初にイメージしていた問題をある程度限定したものに変えることが必要になるかもしれない。たとえば，最終の目標として「頭が良い」ことの意味として，人間力や生きる力と呼ばれているものをイメージしていたとしても，実際に測定を行うためには，ペーパーテストとして問うことができるものに限定することが必要になる場合もあろう。このように，最初にイメージしていたことに対して，ある方向だけからの評価にせざるを得ない場合もある。この点に関しては，自分たちで問題解決のサイクルに取り組む場合だけでなく，研究や調査の結果を解釈する場合においても気をつけておく必要がある。抽象的な記述として書かれている最終ゴールが，実際にどのように測定されているのかをきっちりチェックしておくことが重要である。

§8.2 実験研究と観察研究

　上述したように，統計的問題解決のプロセスでは，適切なデータ収集を行うことが重要である。ここで，データの取得方法には，実験や観察によるものと，調査によるものとがある。本節では，実験や観察によって得られた

データに基づく実験研究と観察研究について説明する。調査によるデータ収集に関しては，次節で説明する。

実験研究

実験研究は，対象者にある種の介入を行う研究である。ここで介入とは，物理実験のように，実験室の中ですべての環境をコントロールして介入できることを意味するわけではなく，対象者を 2 つのグループに分けて一方のグループには禁煙指導を受けてもらい，もう一方のグループには別の指導を行うというように，ある部分に対して介入を行うことを想定している。そのため，介入している内容以外については，2 つのグループの間の違いをできるだけ小さくする必要があり，対象者の年齢や性別を合わせるなどの工夫が行われる。また，各対象者に対して介入を行うか否かを無作為（ランダム）に割り振る，**無作為割り付け**と呼ばれる方法がとられる。

このような方法は，新治療法の有効性や安全性を検証する場合などに用いられることが多い。しかし，倫理面や費用面などの制約により，データの大きさや継続期間などの観点から，実験研究の実施が難しい場合もある。

観察研究

観察研究は，対象者に介入を行うことなく，自然の状態を観察する研究である。たとえば，日本の平均寿命を考える場合には，それぞれの人の生死の情報を収集することで必要なデータを求めることができる。また，アンケート調査（質問紙調査）のように，その時点での対象者の意識や状態を記入してもらうことによって，データを収集する場合もある。この方法は，現行の治療法やその予後を検証する場合などに用いられることが多く，稀少疾病や発症期間の長い疾病の場合にも適用できる。

観察研究では，2 つの因子の因果関係を考えるときでも，原因の部分を対象者が自分で選択するため，なぜそのような選択をしたのか，という点が問題になる場合がある。たとえば，健康教室に通い始めた人は，健康のために通い始めたのか，何らかの病気になったために通い始めたのかによって意味が異なるのである。それらの点については，解釈する際に気をつける必要が

ある。

処理群と対照群

　研究対象を2つのグループに分け，一方だけに興味の対象とする何らかの処理を加えて，もう一方のグループと比較して処理の効果を検討する場合を考える。このとき，何らかの処理を加えられたグループを**処理群**，それと比較されるもう一方のグループを**対照群**と呼ぶ。たとえば，臨床試験において，ある病気に対して新たに開発された治療法の効果を検証するために，新治療法を受けるグループを処理群，従来からの治療法を受けるグループを対照群に設定する場合が考えられる。また，新しい教育法の効果を検証するため，新教育法を適用したグループを処理群，従来からの教育法を適用したグループを対照群とする場合も考えられる。

　このように，処理群と対照群を設定して処理の効果を検証する実験では，2つのグループにおいて，処理の有無以外の条件をできるだけ一致させるようにする必要がある。そのようにすれば，実験結果の差は処理の有無だけによると考えることができ，処理の効果が統計的に有意であるか否かを判定することができる。さらに，処理の効果の推定なども行うことができる。

> ◢◤ **ティータイム** ◢◤　・・・・・・・・・・・・・・・・・・・・・・・・・・・・・● プラセボ効果
>
> 　薬の効果を調べる際に気をつけるべき事の1つとして，プラセボ効果がある。プラセボとは偽薬を表すフランス語で，本来の薬ではなく，有効成分を含まない錠剤などを用いることを指す。人間の体は自己修復機能が働いて，薬を用いていなくても，効果が現れることがある。そのため，薬の本来の効果を調べる場合には，薬を飲んだ場合と，薬を飲まない場合を比較するのではなく，薬を飲んだ場合とプラセボを飲んだ場合の結果の違いを評価する必要がある。そのため，薬の効果を調べるような臨床試験では，比較対照を行う相手として，プラセボを服用する集団を用いることが多い。

実験・調査の計画の立案

　ここで，上述した統計的問題解決のプロセスにおける Plan ステップの実験・調査の計画を立てることについて，さらに詳しく考える。この際には，次のことを考える必要がある。

1)　どのような研究方法をとるのか？
2)　対象者としてどのような人を選ぶのか？
3)　どのような測定を行うのか？

　1）については，まず実験的な研究を行うのか，観察的な研究を行うのかを考える。また，実験的研究であれば，どのような介入を行うのか，どのような条件をコントロールするのかを検討する必要がある。観察的な研究を行う場合には，1 時点での状況を把握するのか，あるいは追跡調査を実施するのであれば，どのくらいの期間追跡をするのか，などを検討する必要がある。

　2）については，どのような人を対象者と考えるのか，という点が重要である。高校生を対象とする研究であるなど，研究の目的の中である程度限定される場合もあるが，研究を進める上でさらに限定をかける必要が生じる場合もある。さらに，想定している集団をすべて調べることが難しい場合には，標本調査等を計画する必要も生じる。

　3）については，問題の明確化の過程である程度測定可能であるものに制限しているが，実際に測定を実施するためには，測定の方法を明確に決める必要がある。

◤ **ティータイム** ◢　・・・・・・・・・・・・・・・・・・・・・・●フィッシャーの三原則

　実験研究の具体例として，新薬の効果を検証するための動物実験を考える。実験室で，何日かにわたって実験動物に新薬と従来からの薬を投与し，それぞれの効果を測定する。一般に，実験対象を 2 つのグループに分けて実験を行う場合には，興味のある処理以外の要因については，2 つのグループ間の違いをできるだけ小さくする必要がある。したがって，この場合には，実験室における薬剤の投与の状況が，日時によってできるだけ変化しないよ

うにすることが必要である。また，薬剤の効果が，実験動物の体重に依存する可能性がある場合には，体重によっていくつかのブロックに分け，それぞれのブロック内で無作為割り付けを行うのが一般的であるが，これは局所管理と呼ばれる操作の一例である。また，各条件の下で実験の繰り返し（反復）を行い，発生が偶然と考えられるような偶然誤差の大きさの評価を行うことも重要である。

　このように，実験研究においてある処理効果の有無を統計的に判断する際には，「局所管理」，「無作為化」，「繰り返し（反復）」という操作が重要である。これらは"フィッシャーの三原則"と呼ばれ，新薬の効果の検証や農作物に対する肥料の評価などに適用されている。

■■■　考えてみよう

　「簡単な計算練習を行うことで，記憶力がアップする」という記述が正しいかどうかを検討する場合について，問題を明確化し，その実験方法を考えてみよう。

§ 8.3　全数調査と標本調査

　前節で，統計的問題解決のプロセスでは，適切なデータ収集を行うことが重要であり，データの取得方法には，実験や観察によるものと，調査によるものとがあることを述べた。本節では，調査によるデータ収集に関して説明を行う。

　私たちの社会では，さまざまな調査が行われている。これらの調査の結果は，政策を決定するための基礎資料として用いられたり，企業では製品の開発や出荷量の決定などの資料として利用されたりしている。

　最も大規模で有名な調査は**国勢調査**である。国勢調査は 5 年に 1 度，日本に住んでいる人全員を対象として調査が行われる。このように，対象とする集団のすべてを調査するものを**全数調査**あるいは**悉皆調査**という。これに対

して，対象とする集団の一部を取り出して調査するものを**標本調査**という。実際には，対象とする集団が大きくなると全数調査は難しく，標本調査が行われることが多い。全数調査ではなく，標本調査が実施されるのは，次のような場合である。

1) 製品の寿命調査や破壊強度調査のように，調査を実施するとその製品が使えなくなる場合

2) 全数調査の場合，調査結果の整理や分析に時間がかかるため，時間的な変化の大きなものについての調査のように，調査結果の価値がなくなる場合

3) 全数調査を実施するには，多くの手間や費用がかかる場合

例題 8.1　国が実施する調査のうち，標本調査と全数調査（国勢調査以外）をそれぞれ 2 つずつあげよ。

（答）

　　標本調査：たとえば，家計消費状況調査，社会生活基本調査など

　　全数調査：たとえば，経済センサス，学校基本調査など

例題 8.2　あるミカン箱の中のミカンの糖度を調べる場合に，標本調査が行われる理由を答えよ。

（答）

　ミカンの糖度を調べると，そのミカンは商品として使えなくなるため，全数調査を行うことはできないから。

母集団と標本

　標本調査では，特徴や傾向などを知りたい集団全体を**母集団**といい，実際に調査を実施する母集団の一部を**標本**という。また，標本に含まれる人やものの個数を**標本の大きさ**という。

例題 **8.3** ある県で，その県の高等学校に通っている高校生 1,000 人を無作為に抽出し，将来その県で生活したいかどうかを調査した。この調査において，母集団と標本，標本の大きさを答えよ。

（答）

母集団：その県の高等学校に通っている高校生

標本：無作為に抽出された高校生 1,000 人

標本の大きさ：1,000

標本調査

標本調査においては，母集団の一部である標本から得られる値に基づいて，母集団の特性値に対して統計的推測を行う。一般に，これら2つの値は一致せず，標本から得られた値の誤差を避けることはできない。この種の誤差は**標本誤差**と呼ばれ，全数調査の場合には存在しない。しかし，調査における誤差はこれだけではない。現実の場で標本抽出を行う際には，調査の計画段階での誤差や，調査単位観察の段階の誤差，さらには結果の整理・解析・発表段階での誤差など，さまざまな種類の誤差が生じる。標本誤差以外の誤差は，**非標本誤差**と呼ばれている。標本誤差は統計学の知識に基づいて理論的に計算・評価することができる。しかし，非標本誤差を算出することは困難である。標本誤差と非標本誤差のどちらが大きいかという比較も難しい。

非標本誤差は全数調査の場合にも生じ，標本調査の場合の非標本誤差より管理することが難しい場合が多い。したがって，標本誤差と非標本誤差を併せて考えると，全数調査と標本調査の精度はどちらがよいかは，一般には分からない。

上記2種類の誤差は，その性質によって**偶然変動**と**偏り**とに区別される。偶然変動による誤差は，誤差の生じる方向が真値に対して過大または過小に偏らせる特定の要因が存在しない，言わばその発生が偶然と考えられるような誤差である。これに対して偏りによる誤差は，誤差の生じる方向が真値に対して過大または過小の一方向に偏らせる特定の要因が存在するような誤差

である。

　たとえば，世帯に対して年間収入を調査する場合に，申告事項が徴税の資料として利用されることを恐れて，過小の申告が行われやすいことはよく知られているが，これは真値に対する過小評価の偏りの例である。また，インターネット調査でコンピュータの利用の割合を調べたとすると，一般の人々でのコンピュータの利用割合よりも，利用している人の割合が大きくなる傾向がある。これは，真値に対する過大評価の偏りの例である。

■■■　考えてみよう

　ある市で，近く行われる市長選挙についての調査を，金曜日の夕方6時から8時に中心市街地を通りかかった20歳以上の男女を対象に行った。この市の有権者を母集団と考えるとき，どのような偏りがあるだろうか。

ティータイム　・・・・・・・・・・・・・・・・・・・●自発的に回答する調査

　社会の中には，自発的に回答する調査もよく行われている。たとえば，レストランに置かれたお客様の声なども自発的に回答する調査の1例である。このような調査の場合には，強い意見を持った人は回答する傾向にあるが，現状に満足していたり，強い意見を持たなかったりする人はあまり回答しないため，回答結果は必ずしも客全体の声を反映しているとは限らない。最近では，インターネットを利用した調査も多く行われているが，その多くは自発的に回答する調査であることを考慮する必要がある。

§ 8.4　無作為抽出法

　標本調査における標本の抽出法には，推測の精度を向上させる方法や，現実の場での制約を考慮に入れた方法など，さまざまなものがある。ここでは，標本抽出の際の偏りを排除する最も基本的な方法である，単純無作為抽

出法について説明する。

　標本を偏りなく選ぶことは意外に難しく，調査者が無作為に選んだつもり
でも何らかの偏りが生じることがある。そのため，確率的な現象を用いて，
母集団に含まれている個体が同じ確率で標本として選ばれるような抽出方
法が取られる。具体的には，母集団に含まれる個体に全て異なる番号をつけ
て，その番号を等確率で抽出することになる。この方法を**単純無作為抽出
法**という。番号を等確率で選ぶ方法としては，次のようなものがある。

1) **くじやサイコロを用いる**

　　たとえば，0 から 99 までの番号のついたくじを準備して，その中から
1 つを選ぶ方法や，正二十面体の各面に 0 から 9 の数字のうちの 1 つが
書かれ，0 から 9 までの数字が 2 面ずつあるサイコロを使って，数字を
選ぶ方法などがある。

2) **乱数表を用いる**

　　あらかじめ 1) のような方法で作成した数字の表を準備する。この表
を乱数表という。この乱数表の数字の中から 1 つを選んで，その場所
をスタートとして，ある方向に数字を順番に選んでいく方法が用いら
れる。

3) **コンピュータで乱数を発生させる**

　　1) や 2) の方法では，数多くの番号を抽出することは大変である。そ
のような場合には，乱数とよく似た性質を持つ数字の列を発生させるコ
ンピュータの関数を用いることがある。さまざまなソフトウェアで，0
以上 1 未満の実数値を発生させる関数が準備されている。これによって
発生された実数は，乱数とよく似た性質を持つものの，実際には発生さ
れた実数の間にはある数学的な関係があるため，**擬似乱数**と呼ばれるこ
ともある

　標本調査では，単純無作為抽出法を用いるなどの方法で標本を偏りなく抽
出することによって，母集団に比べて少ない数の標本から，母集団の傾向を
ある程度まで捉えることができる。

　　　　　　　　　　（解答は **216** ページです）

問 **8.1**　問題解決のサイクルについて述べた記述として，適切でない
　　　ものを次の ①〜④ のうちから一つ選べ。

　　① データ分析の際には，あまり課題を意識せずデータのみに
　　　着目して解析した方がよい。

　　② 質問紙を用いて調査を行う場合には，問題文に複数の解釈
　　　がないかを調べておく必要がある。

　　③ 分析結果を用いて問題の解決を図るが，1 回のサイクルだ
　　　けでは問題が解決できない場合もある。その際には，もう
　　　一度問題の明確化に戻って追加調査を行う場合もある。

　　④ 問題を明確化する際には，実験や調査を行うことによって
　　　解決できるように工夫する必要がある。

問 **8.2**　「ある食品を摂取することで健康になるかどうか」を調べ
　　　たい。この問題を明確化するために必要なことを述べた次
　　　の ①〜④ のうち，適切でないものを一つ選べ。

　　① どの程度食品を摂取するのかを明確に決めておくことが必
　　　要である。

　　② 食品の摂取方法については，こちらから指示するよりも個
　　　人の自由意思に任せたほうがよい。

　　③ 健康かどうかを判断する指標を明確にしておく必要が
　　　ある。

　　④ 健康かどうかを判断する指標を測定する際には，できる
　　　だけ対象者の性別・年齢などの条件を揃えておいたほうが
　　　よい。

問 **8.3**　次の A，B，C は，研究の方法を述べたものである。実験研究
と観察研究の組合せとして，最も適切なものを下の ① 〜 ④ の
うちから一つ選べ。

A. ある高校の卒業生で，国公立大学に進学した人と私立大
学に進学した人に分けて，勉学にかかる費用について調査
した。

B. ある病気の患者を無作為に 2 つのグループに分け，新しい
治療法を適用するグループと従来からの治療法を適用する
グループで，治療効果の違いを観察した。

C. ある大病院の肝硬変の患者に対して，平均して 1 日に 3 合
以上飲酒していたか否かについて調査した。

① A：実験研究　　　B：実験研究　　　C：観察研究

② A：実験研究　　　B：観察研究　　　C：実験研究

③ A：観察研究　　　B：実験研究　　　C：実験研究

④ A：観察研究　　　B：実験研究　　　C：観察研究

問 **8.4**　ある国立大学と私立大学の文系と理系の学部を対象に，統計学の教授法1と2の違いを調べるため，グループ1の学生には教授法1による授業を，グループ2の学生には教授法2による授業を受けてもらい，その授業を受ける前後でのテストの点数の差を調べることにした。次のA，B，Cは，グループ1とグループ2を選ぶ方法についての記述である。

A.　グループ1とグループ2の能力差を小さくするため，事前に行った試験の点数によっていくつかの群に分け，各群ごとに無作為にグループ1とグループ2に分けた。

B.　グループ1とグループ2のそれぞれにおける成績のバラツキを小さくするため，グループ1には国立大学の学生を，またグループ2には私立大学の学生を割り当てた。

C.　教授法の成果に影響を及ぼす可能性のある国立・私立の別，文系・理系の別，性別によって群分けを行い，各群ごとに無作為にグループ1とグループ2に分けた。

上の記述A，B，Cに関して，最も適切なものを次の ① ～ ④ のうちから一つ選べ。

① Aのみ正しい

② Bのみ正しい

③ AとCのみ正しい

④ BとCのみ正しい

問 **8.5**　国勢調査について述べた次の記述のうち，適切でないものを次の①〜④のうちから一つ選べ。

①　5 年に一度，西暦の末尾が 0 または 5 の年に実施される。

②　日本国籍を有する人全員に対する全数調査である。

③　国勢調査には，回答する義務がある。

④　国勢調査の結果は公表されている。

問 **8.6**　全数調査，標本調査について述べた次の記述のうち，適切でないものを次の①〜④のうちから一つ選べ。

①　標本調査は，母集団の一部のみを対象に行われる調査であるから，全数調査よりは調査の精度が悪い。

②　母集団から適切に標本を選ぶことによって，標本調査によって母集団の特徴や傾向を予想することができる。

③　調査の誤差には標本誤差と非標本誤差があるが，そのどちらが大きいかを評価することは難しい。

④　調査の誤差には偶然変動と偏りがあるが，偏りは真値に対して過大または過小に評価する誤差である。

問 **8.7**　ある企業の顧客として登録されている人の中から無作為に 1,000 名選び，この 1,000 名に電話をかけて，小学生の子どものいる人 600 名に子どものお小遣いに関する調査を行った。

　このお小遣いの調査で，母集団と標本について述べた次の記述のうち，最も適切なものを次の $\textcircled{1}$ ～ $\textcircled{4}$ のうちから一つ選べ。

$\textcircled{1}$　母集団はある企業に顧客として登録されている人全体であり，標本は電話をかけた 1,000 名のうち小学生の子どものいる 600 名である。

$\textcircled{2}$　母集団はある企業に顧客として登録されている人のなかで小学生の子どもを持つ人であり，標本は電話をかけた 1,000 名のうち小学生の子どもを持つ 600 名である。

$\textcircled{3}$　母集団はある企業に顧客として登録されている人全体であり，標本は電話をかけた 1,000 名である。

$\textcircled{4}$　母集団はある企業に顧客として登録されている人のなかで小学生の子どもを持つ人であり，標本は電話をかけた 1,000 名である。

問 **8.8**　単純無作為抽出法について述べた次の記述のうち，適切でないものを次の $\textcircled{1}$ ～ $\textcircled{4}$ のうちから一つ選べ。

$\textcircled{1}$　母集団に含まれるすべての人や物に番号を付けて，この番号を無作為に選ぶ。

$\textcircled{2}$　無作為に選ぶ方法としては，サイコロを用いる方法や乱数表を用いる方法などがある。

$\textcircled{3}$　単純無作為抽出は，調査を行う人の意図が入っていなければよいので，調査者が好きな数字を用いてもよい。

$\textcircled{4}$　単純無作為抽出では，母集団に含まれる人や物が同じ確率で選ばれる。

9. 統計的な推測

§ **9.1** 統計的な推測

8.1節で説明したように，統計学では，知見を得たい母集団を明確に設定し，適切に計画された実験や調査により標本を抽出する。また，8.4節で述べたように，一般には**単純無作為抽出**（以下，**無作為抽出**と記す）による標本抽出が好ましい（図9.1参照）。

次に，この標本から得られた標本平均や標本比率などを用いて，母集団の特徴を表す母平均や母比率などの統計的な推測を行う。統計的な推測の手法には，大きく**統計的推定**（以下，**推定**）と**統計的仮説検定**（以下，**仮説検定**）と呼ばれる統計を用いた科学的な方法論がある。推定や仮説検定には多種多様な手法があるが，ここでは基本的な考え方を学ぶため，平均と比率に関する区間推定および仮説検定について述べる。

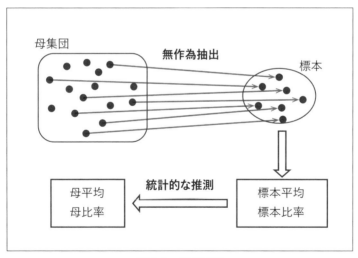

図 **9.1** 標本調査

母平均，母比率と標本平均，標本比率

　母集団の興味ある特性の平均や比率の値をそれぞれ**母平均，母比率**と表現する。母平均，母比率を知りたいが，全数調査が難しいときには母集団から無作為抽出により標本を選ぶ標本調査を行う（8.3 節参照）。標本から計算した推定値を**標本平均，標本比率**と表現し母平均，母比率と区別する。これらの推定値は，母集団の値と完全に一致することはほとんどなく誤差がある。たとえば，ゆがみのないサイコロ投げの場合，表 7.4 で示した計算から求めた平均が母平均で，値は 7/2=3.5 である。このサイコロを 10 回投げ，3，2，1，4，5，3，2，6，6，4 の目が出たとする。これが大きさ 10 の標本で，$(3+2+1+4+5+3+2+6+6+4)/10 = 3.6$ が標本平均である。このサイコロ投げにおいて，3 で割り切れる数（3 または 6）が出る理論的な比率を考えた場合，母比率の値は 1/3 である。上の 10 回の結果より，3 または 6 は 4 回出ているため，標本比率は 0.4 となる。

　統計学を用いて知りたいことは，標本調査によって得られた標本平均や標本比率の値の信頼性である。これらの信頼性を測るには標本平均や標本比率がどのような分布に従うのかを知っておく必要がある。

標本分布

　母集団から繰り返し大きさ n の標本を無作為抽出し，そのたびに標本平均を計算したとすれば，これらの値は母平均の値のまわりに分布する。同様に，繰り返し大きさ n の標本を無作為抽出し，そのたびに標本比率を計算したとすれば，これらの値は母比率の値のまわりに分布する。標本平均や標本比率などの標本から推定された量に関する分布を**標本分布**という。

　たとえば，サイコロの 10 回投げを 5 度繰り返し，それぞれの標本平均を計算したならば，3.6，3.8，4.0，3.4，3.2 などと値が得られる。これらの値は母平均 3.5 の値のまわりに分布することが知られている。この繰り返しが無限回可能なら，そのときにできる分布が標本平均の標本分布である。

　一般の標本分布について説明する前に，ゆがみのないサイコロを 2 回投げた場合の平均を考える。つまり，1 回目と 2 回目に出た目の確率変数をそれぞれ X_1, X_2 とし，平均

$$\bar{X} = \frac{1}{2}(X_1 + X_2)$$

を考える。この $\bar{X}$ も確率変数となり，表 9.1 のような確率分布に従う。ここで，$\bar{x}$ は $\bar{X}$ が取り得る値，また，$\bar{x}$ が生じる確率を $P(\bar{X} = \bar{x}) = p(\bar{x})$ と表す。これからわかるように，$\bar{X}$ の確率分布は 3.5 を中心とした山形である。

表 9.1 $\bar{X}$ の確率分布

$\bar{x}$	1	1.5	2	2.5	3	3.5	4	4.5	5	5.5	6	合計
$p(\bar{x})$	$\dfrac{1}{36}$	$\dfrac{2}{36}$	$\dfrac{3}{36}$	$\dfrac{4}{36}$	$\dfrac{5}{36}$	$\dfrac{6}{36}$	$\dfrac{5}{36}$	$\dfrac{4}{36}$	$\dfrac{3}{36}$	$\dfrac{2}{36}$	$\dfrac{1}{36}$	1

$\bar{X} = (X_1 + X_2)/2$ は，母集団から大きさ 2 の標本として X_1, X_2 を抽出した場合の標本平均と考えることができる。つまり，表 9.1 の確率分布は標本平均 $\bar{X}$ の標本分布となる。

ゆがみのないサイコロ投げの場合，確率変数 X_1, X_2 は $1, 2, \cdots, 6$ の値を一様な確率でとる離散型一様分布に従っている。しかし，表 9.1 からわかるように，$\bar{X}$ の確率分布は 3.5 を中心とした山形である。

ここでは 2 回のサイコロ投げを考えたが，これを 3 回，4 回…と増やし，標本平均 $\bar{X}$ を考えると，とり得る値は多くなるが，どの場合でも 3.5 またはその前後の値をとる確率が最大となる。投げる回数を多くして $\bar{X}$ を考えると，その確率分布は正規分布で近似できることが知られている。このことを次に示す。

標本平均 $\bar{X}$ の標木分布

母平均 μ，母分散 σ^2 をもつ母集団から，大きさ n の標本として $X_1, X_2, \cdots, X_n$ を無作為抽出するとき，これらは n 個の確率変数であり，それらの標本平均

$$\bar{X} = \frac{1}{n} \sum_{i=1}^{n} X_i$$

も確率変数である。先に述べたように，標本平均 $\bar{X}$ の実現値 $\bar{x}$ は標本ごとに異なる。一般に，標本は 1 度しか抽出することができないが，もし，標本

を無限回繰り返し得ることができるなら，標本平均は何らかの分布に従う。これが**標本平均 $\bar{X}$ の標本分布**である。標本平均には次のような好ましい性質がある。

【重要な性質 1】n 個の確率変数 $X_1, X_2, \cdots, X_n$ が互いに独立に母平均 μ，母分散 σ^2 の分布に従い，n が大きいとき，

$$\text{標本平均 } \bar{X} \text{ は正規分布 } N(\mu, \frac{\sigma^2}{n}) \text{ に近似的に従う}$$

ことから，n が大きくなるほど標準偏差が小さくなり，分布の山が際立つことがわかる。さらに，$\bar{X}$ を標準化した確率変数 Z を考えると，n が大きいとき，

$$Z = \frac{\bar{X} - \mu}{\sigma/\sqrt{n}} \text{ は標準正規分布 } N(0, 1) \text{ に近似的に従う}$$

ことがわかる。

例題 9.1　母平均 150，母分散 100 を持つ母集団から大きさ $n=25$ の標本 $X_1, X_2, \cdots, X_{25}$ を互いに独立に無作為抽出する。このとき，標本平均 $\bar{X}$ が近似的に従う分布を求めよ。

（答）
平均 $\mu = 150$，分散 $\dfrac{100}{25} = 4$ の正規分布，つまり，正規分布 $N(150, 4)$ に近似的に従う。

標本比率 $\hat{p}$ の標本分布

　母集団における興味ある事象 A の出現比率 p について考える。n 回の反復試行で A が起こる回数 X は確率変数であり，二項分布 $B(n, p)$ に従う。これに対して，母集団から 1 つ抽出し，それを元に戻さず試行を続けた場合，次の事象 A の出現比率は p と異なる。これを**非復元抽出**という。しかし，母集団の大きさが大きい場合，非復元抽出であっても，近似的に二項分布 $B(n, p)$ に従うと考えてよい。

　母比率 p の推定に標本比率 $\hat{p} = X/n$ を用いるとき，標本比率 $\hat{p}$ も確率変数である。$\hat{p}$ が従う分布を**標本比率 $\hat{p}$ の標本分布**という。標本比率についても次のような性質がある。

【重要な性質 2】二項分布 $B(n, p)$ に従う確率変数 X の平均と分散は，それぞれ np，$np(1-p)$ である。したがって，標本比率 $\hat{p} = X/n$ の平均と分散は，それぞれ p，$p(1-p)/n$ である。また，n が大きいとき，二項分布は正規分布で近似できることから，

$$\text{標本比率 } \hat{p} \text{ は正規分布 } N(p, \frac{p(1-p)}{n}) \text{ に近似的に従う}$$

ことがわかる。さらに，標本平均の場合と同様，$\hat{p}$ を標準化した確率変数 Z を考えると，n が大きいとき，

$$Z = \frac{\hat{p} - p}{\sqrt{p(1-p)/n}} \text{ は標準正規分布 } N(0, 1) \text{ に近似的に従う}$$

ことがわかる。

§ **9.2** 区間推定

　n 世帯の中であるドラマを観ていた世帯数を X とし，そのドラマの視聴率（母比率）p の推定を考える。視聴世帯数 X は確率変数であり，二項分布 $B(n, p)$ に従う。900 世帯中 180 世帯が観ていた場合には，$\hat{p} = X/n = 180/900 = 0.2$ と p の推定を行う方法が考えられる。このように 1 つの値で推定を行う方法を**点推定**という。一方，**区間推定**はある程度の幅を持たせて $0.17 \leq p \leq 0.23$ のようにして p の推定を行う方法である。

　関東地区の視聴率調査では，約 1800 万世帯という大きな母集団から 900 世帯を標本抽出し，各家庭に機材をおいて調査を行っているという。母集団と比較して，そんな小さな割合（0.005%）の部分を調べるだけで大丈夫なのかと心配になるが，次のような考えを用いて信頼性を評価する。

母平均 μ の信頼区間

　母集団 μ の区間推定について考える。前節の【重要な性質1】より，n 個の確率変数 $X_1, X_2, \cdots, X_n$ が互いに独立に母平均 μ，母分散 σ^2 の分布に従い，n が大きいとき，標本平均 $\bar{X}$ は正規分布 $N(\mu, \sigma^2/n)$ に近似的に従う。これより，$\bar{X}$ を標準化した $Z = (\bar{X} - \mu)/(\sigma/\sqrt{n})$ は標準正規分布 $N(0,1)$ に近似的に従う。

　一方，標準正規分布表から $P(|Z| \leqq 1.96) = 0.95$ が成り立つことがわかる。ここで，Z に上式を代入すると，

$$P(|\frac{\bar{X} - \mu}{\sigma/\sqrt{n}}| \leqq 1.96) = 0.95$$

となる。さらに，確率の対象となる連立不等式を μ について解くと，

$$\bar{X} - 1.96\frac{\sigma}{\sqrt{n}} \leqq \mu \leqq \bar{X} + 1.96\frac{\sigma}{\sqrt{n}}$$

となる。この 0.95 または 95% を**信頼度（信頼係数）**といい，上で求めた区間を母平均 μ に対する信頼度 95% の**信頼区間**という。実際は，データから求めた $\bar{X}$ と，n と σ の値を代入することにより計算する。

　この式の興味深いことは，信頼区間が「母集団の大きさに関係なく，標本の大きさで決まる」という点である。さらに，$\sqrt{n}$ が分母にあることから，標本の大きさを k^2 倍にすると信頼区間の幅は $1/k$ 倍になることがわかる。逆に考えれば，信頼区間の幅を $1/k$ にしたいなら，標本の大きさを k^2 倍にすればよいことになる。

　例題 9.2　母平均 μ，母分散 10^2 の母集団から大きさ $n=25$ の標本を無作為抽出したところ，標本平均 $\bar{X} = 152$ となった。母平均 μ の信頼度 95% の信頼区間を求めよ。

（答）

　母平均 μ，母分散 10^2 の分布から大きさ $n=25$ の標本を抽出したとき，標本平均 $\bar{X}$ は正規分布 $N(\mu, 10^2/25)$ に近似的に従う。$\bar{X}$ の標準化を考えると，$Z = (\bar{X} - \mu)/(10/\sqrt{25})$ は標準正規分布 $N(0,1)$ に近似的に従う。これ

より，母平均 μ の信頼度 95% の信頼区間は

$$152 - 1.96\frac{10}{\sqrt{25}} \leqq \mu \leqq 152 + 1.96\frac{10}{\sqrt{25}}$$

となり，$148.08 \leqq \mu \leqq 155.92$ となる。

この例で，$n = 100$，つまり，標本の大きさを 4 倍にすると，母平均 μ の信頼度 95% の信頼区間は，$150.04 \leqq \mu \leqq 153.96$ で，区間の幅は $1/2$ になる。

母比率 p の信頼区間

母比率 p の区間推定を考える。母平均の場合と同様の考え方で区間推定を行えばよいが，この場合，n が十分大きいことを用いて，前節の【重要な性質2】で述べた Z を与える式の分母の p に $\hat{p}$ を代入する。このようにしても，

$$P(|\frac{(\hat{p} - p)}{\sqrt{(\hat{p}(1 - \hat{p})/n)}}| \leqq 1.96) = 0.95$$

が近似的に成り立つので，母比率 p に対する信頼度 95% の信頼区間は次のように求まる。

$$\hat{p} - 1.96\sqrt{\frac{\hat{p}(1 - \hat{p})}{n}} \leqq p \leqq \hat{p} + 1.96\sqrt{\frac{\hat{p}(1 - \hat{p})}{n}}$$

例題 9.3　本節の冒頭の視聴率調査の例に対して，母視聴率 p に対する信頼度 95% の信頼区間を求めよ。

(答)

上式に $n = 900$ と $\hat{p} = 0.2$ を代入すると，

$$0.2 - 0.026 \leqq p \leqq 0.2 + 0.026$$

となり，母視聴率 p に対する信頼度 95% の信頼区間は，$0.174 \leqq p \leqq 0.226$ となる。

信頼度は 95% だけでなく，90% や 99% などさまざま考えることができる。たとえば，90% の場合は $P(|Z| \leqq 1.96) = 0.95$ の代わりに $P(|Z| \leqq 1.645) = 0.90$ を考え，1.96 を 1.645 とすることで同様に求められる。

信頼区間の意味

　信頼区間の考え方で注意しなければならないことがある。たとえば，ある信頼度 95% の信頼区間が求められたとする。この意味は，母平均や母比率がこの区間に入る確率が 95% ということではない。それは，このような方法によって信頼区間を複数求めた場合，母平均や母比率がそれらの範囲に入っている割合が 95% ということである。

　たとえば，ゆがみのないサイコロ投げの場合，母平均は $\mu = 7/2 = 3.5$，母分散は $\sigma^2 = 35/12$ である。このサイコロを 25 回投げた場合，母平均 μ の信頼度 95% の信頼区間は

$$[\bar{X} - 1.96 \times \sqrt{35/(12 \times 25)},\ \bar{X} + 1.96 \times \sqrt{35/(12 \times 25)}\,]$$
$$= [\bar{X} - 1.96 \times \sqrt{7/60},\ \bar{X} + 1.96 \times \sqrt{7/60}\,] = [\bar{X} - 0.67,\ \bar{X} + 0.67]$$

となる。図 9.2 は，サイコロの 25 回投げを 20 度繰り返し，それぞれの標本平均 $\bar{X}$ を求め，それから計算される信頼度 95% の信頼区間を示したものである。図 9.2 の 16 番目は母平均の真値=3.5 を含んでいない。このように，20 個程度の信頼区間を作成した場合，19 個程度（95% 程度）は真値を含んでおり，それが信頼度 95% という意味である。

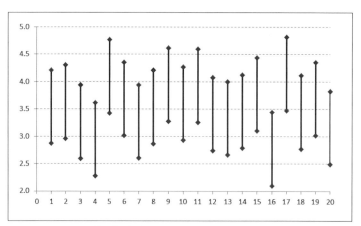

図 9.2　サイコロ投げの場合の母平均に対する信頼度 95% の信頼区間

§ **9.3** 仮説検定

コイン投げを 10 回行って 9 回表が出たとする。このとき,「このコインは表が出やすい」と主張したいであろう。この場合,後述するような帰無仮説と対立仮説を立て,その主張が成り立つか否かを確かめる。このような方法が**仮説検定**である。

仮説検定の考え方

10 回のコイン投げを行って表が出る回数 X は確率変数で,その分布は二項分布 $B(10, 0.5)$ であり,$X = x$ となる確率は $_{10}\mathrm{C}_x (1/2)^x (1/2)^{10-x}$ と表される。表 9.2 は $B(10, 0.5)$ の確率分布である。

表 **9.2** 二項分布 $B(10, 0.5)$ の確率分布

x	0	1	2	3	4	5
$p(x)$	0.001	0.010	0.044	0.117	0.205	0.246
x	6	7	8	9	10	合計
$p(x)$	0.205	0.117	0.044	0.010	0.001	1.000

表 9.2 から,表が多数回出る確率に関して,次のように計算できる。

10 回表が出る可能性は,$0.001 = 0.1\%$

9 回以上表が出る可能性は,$0.001 + 0.010 = 0.011 = 1.1\%$

8 回以上表が出る可能性は,$0.001 + 0.010 + 0.044 = 0.055 = 5.5\%$

9 回表が出る確率は,0.010(1.0%)であるが,より極端な状況を含め,9 回以上表が出る確率を計算すると 0.011(1.1%)となる。つまり,「ゆがみのないコインの場合には,10 回コイン投げをして 9 回表が出るようことは確率 0.011(1.1%)以下でしか起こらない」。しかし実際にはそのようなことが起こったのである。

この場合,「コインにゆがみはないが,非常に珍しいことが起こった」と考えるよりは,「コインは表が出やすかった」と考える方が自然であろう。したがって,「このコインは表が出やすい」という主張は成り立つと判断する。

仮説検定の手順

　このように，仮説検定は，得られた事象がめったに起こらないことを確率で示し，興味ある事柄が成り立つか否かを確かめる方法である。10 回のコイン投げを例にとって，いくつかの用語を定義すると同時に，仮説検定の手順と手法の解釈を説明する。

1) 帰無仮説，対立仮説を立てる

　　仮説には**帰無仮説** H_0 と**対立仮説** H_1 がある。「このコインは表が出やすい」という主張を正確に書くと，「本来，コインの表の出る確率 p は 0.5 であるにもかかわらず，このコインの表の出る確率 p は 0.5 より大きいのではないか」ということである。これを，帰無仮説 H_0：「本来，コインの表の出る確率 p は 0.5 である」と，対立仮説 H_1：「このコインの表の出る確率 p は 0.5 より大きいのではないか」にわけ，次のように帰無仮説と対立仮説を立てる。

$$H_0: p = 0.5, \quad H_1: p > 0.5$$

このように，帰無仮説の片側だけに興味があり，対立仮説を「$H_1: p > 0.5$」または「$H_1: p < 0.5$」とおいて仮説検定を行うことを**片側検定**という。上と異なり，「このコインはゆがんでいるのではないか」という主張を考える。この場合，「本来，コインの表の出る確率 p は 0.5 であるにもかかわらず，表または裏が出やすいのではないか」という主張なので，次のように帰無仮説と対立仮説を立てる。

$$H_0: p = 0.5, \quad H_1: p \neq 0.5$$

このように，帰無仮説の両側に興味があり，対立仮説を「$H_1: p \neq 0.5$」とおいて仮説検定を行うことを**両側検定**という。以下では，まず片側検定について説明を行う。

2) 有意水準を決める

　　「帰無仮説が真であるという仮定の下で，滅多に起こらないと判断する基準」になる確率の値を決める。これを検定の**有意水準**といい α で表す。有意水準としては，0.1，0.05，0.01 を用いることが多い。「有意水準 0.05」は「有意水準 5%」ともいわれる。

以下のコイン投げの例では，有意水準 $\alpha = 0.05$ を考えることにする。以後，「帰無仮説が真であるという仮定の下で」を単に「帰無仮説の下で」という。

3) 帰無仮説の下で棄却域を決める

帰無仮説の下で，「滅多に起こらないこと」を定める限界値を計算する。帰無仮説が真の場合，表 9.2 より，$X \geq 8$ の確率は 0.055 で有意水準 0.05 より大きい。$X \geq 9$ の確率は 0.011 で 0.05 より小さい。このことから，有意水準 $\alpha = 0.05$ のとき，$X \geq 9$ ならば「帰無仮説を**棄却する**」といい，「対立仮説が真，すなわちこのコインは表が出やすい」と判断する。このように，帰無仮説を棄却する範囲（$X \geq 9$）を**棄却域**という。

4) 判断をする

この例の場合，実際に起こった結果は $X = 9$ であった。つまり，結果が棄却域に入っているので，有意水準 $\alpha = 0.05$ で帰無仮説を棄却する。すなわち，「帰無仮説の下で滅多に起こらないことが起こった」とは判断せずに，「このコインは表が出やすい」と判断する。もし，7 回表が出たなら帰無仮説を棄却せず，「このコインは表が出やすいとはいえない」と判断する。

次に，有意水準 $\alpha = 0.05$ の両側検定の場合について，上の手順 3)，4) を簡単に述べる。片側検定では $X \geq 9$ の確率が 0.011 なので，$X \geq 9$ を棄却域とした。一方，X の値が小さすぎる場合については，$X \leq 1$ の確率も 0.011 である。これらを合計しても 0.022 となり，この値は 0.05 より小さいので，両側検定の場合には，$X \leq 1$ と $X \geq 9$ を棄却域にすればよい。また，実際に起こったことが $X = 9$ であったなら，その結果は棄却域に入っているので，有意水準 $\alpha = 0.05$ で帰無仮説を棄却し，「このコインは表または裏が出やすい」と判断する。

有意水準の意味

有意水準は，帰無仮説が真であるにもかかわらず，それを棄却してしまう確率（誤った判断の可能性）の上限と考えられる。このコイン投げの場合，表が 9 回以上出ることは珍しいが，確率として 0 ではない。100 度同じ実験

を行ったとしたら，表が 9 回以上出ることが 1 度程度は起こりうる。つまり，「有意水準 $\alpha = 0.05$ で帰無仮説を棄却する」とは，「帰無仮説が真のときに判断を誤る確率を 0.05 まで認め，帰無仮説を棄却するか否かを決める」という考えになる。

　ここで，仮説検定の手順を再度まとめておくと，次のようになる。

(step.1)　帰無仮説，対立仮説を設定する

(step.2)　有意水準を決める

(step.3)　帰無仮説の下で有意水準をみたすよう棄却域を適切に求める
　　　　　※必要に応じて後述する計算が生じる

(step.4)　実験等の結果より，次のように判断する。

- 棄却域に入れば，帰無仮説を棄却する
- 棄却域に入らなければ，帰無仮説を棄却しない

次に，片側検定と両側検定について例を用いて説明する。

【例 1：片側検定】コイン投げの実験でコインを 100 回投げた場合の片側検定（$H_0: p = 0.5, H_1: p > 0.5$）を考える。帰無仮説の下で，100 回投げて表が出る回数 X は二項分布 $B(100, 0.5)$ に従う。さらに，正規分布 $N(50, 5^2)$ で近似できることを考え，X を標準化した $Z = (X - 50)/5$ が近似的に標準正規分布 $N(0, 1)$ に従うことを利用する。有意水準 $\alpha = 0.05$ の片側検定の場合，$P(Z \geqq 1.645) = 0.05$ を用いて棄却域を求める。すなわち，

$$P(Z \geqq 1.645) \fallingdotseq P(\frac{X - 50}{5} \geqq 1.645)$$
$$= P(X \geqq 1.645 \times 5 + 50) = P(X \geqq 58.225)$$

より，有意水準 $\alpha = 0.05$ の棄却域は $X \geqq 59$ とすればよい。もし，100 回中 60 回表が出たならば，$X = 60$ は棄却域に入るので，有意水準 $\alpha = 0.05$ で帰無仮説は棄却される。つまり，「表が出やすいコイン」と判断される。

　また，60 回表が出たことに注目して，そのようなことが起こる確率を p. 221 の数表より計算することもできる。その確率は次のように

$$P(X \geqq 60) \fallingdotseq P(Z \geqq \frac{60 - 50}{5}) = P(Z \geqq 2.0) = 0.0228$$

となり，0.05 より小さな値なので，有意水準 $\alpha = 0.05$ で帰無仮説は棄却される。この計算結果から，どの程度の確率でこのようなことが起こったのかがわかる。

【例2：両側検定】上の例を両側検定（$H_0 : p = 0.5, H_1 : p \neq 0.5$）の場合について考える。有意水準 $\alpha = 0.05$ の両側検定の場合，$P(|Z| \geqq 1.96) = 0.05$ を用いて棄却域を求める。すなわち，

$$P(|Z| \geqq 1.96) \fallingdotseq P(|\frac{X - 50}{5}| \geqq 1.96)$$
$$= P(|X - 50| \geqq 1.96 \times 5) = P(X \leqq 40.2 \, または \, 59.8 \leqq X)$$

より，有意水準 $\alpha = 0.05$ の棄却域を，$X \leqq 40$ と $X \geqq 60$ にすればよい。もし，100 回中 40 回表が出たならば，$X = 40$ は棄却域に入るので，有意水準 $\alpha = 0.05$ で帰無仮説は棄却される。つまり，「表または裏が出やすいコイン」と判断される。

仮説検定の注意点

仮説検定の判断において重要なことがある。それは，「帰無仮説を棄却しない」ということが「帰無仮説が真である」ことを意味している訳ではないということである。「帰無仮説を棄却しない」ということは，「帰無仮説を棄却するにたる根拠を示すことはできなかった」ということである。一方，帰無仮説を棄却できたなら，有意水準で示した「誤りの確率」内ではあるが，対立仮説で示した主張を認めることになる。

仮説検定の手順において，有意水準をどの程度に設定するかは，実験前に決めておかなくてはならない。有意水準の値によって，帰無仮説が棄却されたり，されなかったりするからである。

（解答は **218** ページです）

■■□ **練習問題**

問 9.1　あるクラスで 25 人の生徒が全国統一テストを受験した。それぞれの生徒の試験の点数 $X_1, \ldots, X_{25}$ は独立で，平均 50，標準偏差 10 の正規分布に従っていると仮定する。

(1)　X_1 が 60 以上である確率はいくらか。次の ①〜⑤ のうちから最も適切なものを一つ選べ。

①　0　　②　0.159　　③　0.381　　④　0.500　　⑤　0.841

(2)　25 人の点数の標本平均 $\bar{X} = (X_1 + \cdots + X_{25})/25$ が 51 点以上である確率はいくらか。次の ①〜⑤ のうちから最も適切なものを一つ選べ。

①　0.16　　②　0.31　　③　0.42　　④　0.58　　⑤　0.84

問 9.2　箱の中にある製品が入っていて，その中の不良品の割合は 5% である。この箱の中から 100 個の製品を無作為に取り出し，不良品か否かを確認する。100 個のうちの不良品の数を確率変数 X とし，その標本比率を $\hat{p} = X/100$ とする。また，この箱の中の製品の数は十分多いものとする。

(1)　標本比率 $\hat{p}$ の平均 μ はいくらか。次の ①〜⑤ のうちから最も適切なものを一つ選べ。

①　0　　②　0.0005　　③　0.05　　④　0.95　　⑤　1

(2)　標本比率 $\hat{p}$ の標準偏差 σ はいくらか。次の ①〜⑤ のうちから最も適切なものを一つ選べ。

①　0.005　　②　0.022　　③　0.048　　④　0.22　　⑤　4.8

(3)　$(\hat{p} - \mu)/\sigma$ が 1.96 以上の値を取る確率はいくらか。次の
①〜⑤ のうちから最も適切なものを一つ選べ。ここで，標本
比率を標準化した $(\hat{p} - \mu)/\sigma$ が標準正規分布 $N(0,1)$ に近似的
に従うことを用いてよい。

①　0.01　　②　0.025　　③　0.05　　④　0.95　　⑤　0.975

問 9.3　野球において打者を評価する指標として打率がある。ここで
は打率を，

$$打率 = \frac{ヒットを打った回数}{打席に立った回数}$$

と定義する*。一般的にはこの数値が高い選手ほどよい選手と
される。A 選手が毎回の打席でヒットを打つ確率 p は一定と
し，互いの打席は独立とする。

*実際の定義は分母が打数（打席に立った回数から四死球，犠打，犠飛，打撃妨
害，走塁妨害の数を除いた回数）である。

(1)　A 選手が 100 打席経過した段階でヒットを 32 本打ってい
た。ヒットを打つ確率 p に対する信頼度 95% の信頼区間とし
て，次の ①〜⑤ のうちから最も適切なものを一つ選べ。

①　$-0.59 \leqq p \leqq 1.23$　　②　$0.23 \leqq p \leqq 0.41$

③　$0.27 \leqq p \leqq 0.37$　　④　$0.31 \leqq p \leqq 0.33$

⑤　$0.63 \leqq p \leqq 1.27$

(2)　A 選手が 200 打席経過した段階でヒットを 64 本打ってい
た。200 打席経過した結果から，ヒットを打つ確率 p に対する
信頼度 95% の信頼区間を求めた場合，その幅は (1) の結果に対
する信頼区間の幅の何倍となるか。次の ①〜④ のうちから最
も適切なものを一つ選べ。

①　1/4 倍　　②　1/2 倍　　③　$1/\sqrt{2}$ 倍　　④　2 倍

問 9.4　ある製品の重量 (単位：g) の母平均を μ とする。μ の 95% 信頼区間は $110 \leqq \mu \leqq 120$ であった。次の I 〜 III の記述は，この信頼区間について述べたものである。

　I. 標本の 95% が含まれる区間が $[110, 120]$ である。

　II. 標本平均が 区間 $[110, 120]$ に入っている確率は 95% である。

III. 無作為抽出による同じ大きさを持つ標本を多数用意し，それぞれの標本を用いて 95% 信頼区間を求める手続きを行うと，μ はこれらの信頼区間のうち約 95% の区間に含まれる。

　この記述 I 〜 III に関して，次の ① 〜 ⑤ のうちから最も適切なものを一つ選べ。

① I のみ正しい　　② II のみ正しい　　③ III のみ正しい
④ I と II のみ正しい　⑤ I と III のみ正しい

問 9.5　次の手順 A 〜 D は仮説検定で行われる手順を順不同に並べたものである。

A. 帰無仮説のもとで棄却域を求める。

B. 実験等の結果から帰無仮説を棄却するか否かを判断する。

C. 帰無仮説と対立仮説を立てる。

D. 有意水準を決める。

　これらの手順の順番について，次の ① 〜 ⑤ のうちから最も適切なものを一つ選べ。

① $A \Rightarrow B \Rightarrow C \Rightarrow D$　② $A \Rightarrow C \Rightarrow D \Rightarrow B$　③ $B \Rightarrow A \Rightarrow C \Rightarrow D$
④ $C \Rightarrow D \Rightarrow A \Rightarrow B$　⑤ $C \Rightarrow D \Rightarrow B \Rightarrow A$

問 **9.6**　ある店舗で扱っている商品 A の目標販売数は日平均 500 個で
ある。店長は目標より売れていると主張しており，それを調べ
るために商品 A について 30 日間の販売数を調べ，仮説検定を
行うことにした。

(1)　販売数が目標より多いことを調べたいときの帰無仮説と
対立仮説について，次の $\textcircled{1}$ 〜 $\textcircled{4}$ のうちから最も適切なものを
一つ選べ。

$\textcircled{1}$ 帰無仮説：販売数の日平均は 500 個より多い
　　対立仮説：販売数の日平均は 500 個である

$\textcircled{2}$ 帰無仮説：販売数の日平均は 500 個である
　　対立仮説：販売数の日平均は 500 個より多い

$\textcircled{3}$ 帰無仮説：販売数の日平均は 500 個より多い
　　対立仮説：販売数の日平均は 500 個より多いか少ないかで
　　　　　　　ある

$\textcircled{4}$ 帰無仮説：販売数の日平均は 500 個である
　　対立仮説：販売数の日平均は 500 個より多いか少ないかで
　　　　　　　ある

(2)　商品 A の 30 日間の販売数を調べ，日平均値を求めたとこ
ろその値は a となり，有意水準 1% で有意であった。この結果
からわかることとして，次の $\textcircled{1}$ 〜 $\textcircled{4}$ のうちから最も適切なも
のを一つ選べ。

$\textcircled{1}$ もし販売数の日平均が 500 個より大きいなら，a 以下とな
　　る確率は 1% 以下である。

$\textcircled{2}$ もし販売数の日平均が 500 個より大きいなら，a 以上とな
　　る確率は 1% 以下である。

$\textcircled{3}$ もし販売数の日平均が 500 個なら，a 以下となる確率は
　　1% 以下である。

$\textcircled{4}$ もし販売数の日平均が 500 個なら，a 以上となる確率は
　　1% 以下である。

問 9.7 一郎くんと次郎くんがあるゲームを行っていたところ，一郎くんの方がこのゲームに強いように思われた。そこで，8 回ゲームを行い，一郎くんがゲームに勝つ回数を確率変数 X とし，仮説検定を行うこととした。帰無仮説と対立仮説は

　　　帰無仮説：一郎くんと次郎くんの強さは同じ

　　　対立仮説：一郎くんの方が強い

と設定する。

(1)　帰無仮説が真の場合，X が各値となる確率は次の表のとおりである。ただしここでは，小数点以下第 4 位を四捨五入している。

x	0	1	2	3	4
$p(x)$	0.004	0.031	0.109	0.219	0.273
x	5	6	7	8	合計
$p(x)$	0.219	0.109	0.031	0.004	1.000

注：四捨五入の関係で合計は 0.999 となる。

有意水準が 0.05 のときの X の棄却域について，次の ①〜⑤ のうちから最も適切なものを一つ選べ。

　　① $X \leqq 1$　　② $X \leqq 2$　　③ $X \geqq 5$

　　④ $X \geq 6$　　⑤ $X \geq 7$

(2)　帰無仮説が真の場合，X の分布は正規分布 $N(4, 2)$ で近似できる。このとき，有意水準が 0.05 のときの X の棄却域について，次の ①〜⑤ のうちから最も適切なものを一つ選べ。

　　① $X \leq 1.23$　　② $X \leq 1.67$　　③ $X \geq 4$

　　④ $X \geq 6.33$　　⑤ $X \geq 6.77$

(3) 8回ゲームを行った結果，$X = 6$であった。有意水準 0.05 のときの解釈として，次の ① 〜 ④ のうちから最も適切なものを一つ選べ。

① 帰無仮説は棄却されず，一郎くんの方が強いとは言えない。

② 帰無仮説は棄却され，一郎くんの方が強いと言える。

③ 対立仮説は棄却されず，一郎くんと次郎くん強さが同じとは言えない。

④ 対立仮説は棄却され，一郎くんと次郎くんの強さは同じと言える。

問 9.8　（平成 31 年度大学入試センター試験問題より：出題形式のみ
を一部変更）
以下の　ア　～　ツ　にあてはまる数字（0〜9）を求めよ。

(1)　ある食品を摂取したときに，血液中の物質 A の量がどの
ように変化するか調べたい。食品摂取前と摂取してから 3 時間
後に，それぞれ一定量の血液に含まれる物質 A の量（単位は
mg）を測定し，その変化量，すなわち摂取後の量から摂取前の
量を引いた値を表す確率変数を X とする。X の期待値（平均）
は $E(X) = -7$，標準偏差は $\sigma(X) = 5$ とする。
このとき，X^2 の期待値は $E(X^2) =$ アイ である。また，測定
単位を変更して $W = 1000X$ とすると，その期待値は $E(W) =$
$-7 \times 10^{\boxed{\text{ウ}}}$，分散は $V(W) = 5^{\boxed{\text{エ}}} \times 10^{\boxed{\text{オ}}}$ となる。

(2)　(1) の X が正規分布に従うとするとき，物質 A の量が減
少しない確率 $P(X \geqq 0)$ を求めよう。この確率は

$$P(X \geqq 0) = P\left(\frac{X+7}{5} \geqq \boxed{\text{カ}} \cdot \boxed{\text{キ}}\right)$$

であるので，標準正規分布に従う確率変数を Z とすると，正規
分布表から，次のように求められる。

$$P(Z \geqq \boxed{\text{カ}} \cdot \boxed{\text{キ}}) = 0.\boxed{\text{クケ}}$$

無作為に抽出された 50 人がこの食品を摂取したときに，物
質 A の量が減少するか，減少しないかを考え，物質 A の量
が減少しない人数を表す確率変数を M とする。M は二項分布
$B(50, 0.\boxed{\text{クケ}})$ に従うので，期待値は $E(M) = \boxed{\text{コ}} \cdot \boxed{\text{サ}}$，
標準偏差は $\sigma(M) = \sqrt{\boxed{\text{シ}} \cdot \boxed{\text{ス}}}$ となる。

(3)　(1) の食品摂取前と摂取してから 3 時間後に，それぞれ一定量の血液に含まれる別の物質 B の量（単位は mg）を測定し，その変化量，すなわち摂取後の量から摂取前の量を引いた値を表す確率変数を Y とする。Y の母集団分布は母平均 m，母標準偏差 6 を持つとする。m を推定するため，母集団から無作為に抽出された 100 人に対して物質 B の変化量を測定したところ，標本平均 $\bar{Y}$ の値は -10.2 であった。

このとき，$\bar{Y}$ の期待値は $E(\bar{Y}) = m$，標準偏差は $\sigma(\bar{Y}) = \boxed{\text{セ}} . \boxed{\text{ソ}}$ である。$\bar{Y}$ の分布が正規分布で近似できるとすれば，$Z = \dfrac{\bar{Y} - m}{\boxed{\text{セ}} . \boxed{\text{ソ}}}$ は近似的に標準正規分布に従うとみなすことができる。

正規分布を用いて $|Z| \leq 1.64$ となる確率を求めると $0.\boxed{\text{タチ}}$ となる。このことを利用して，母平均 m に対する信頼度 $\boxed{\text{タチ}}$ ％ の信頼区間，すなわち，$\boxed{\text{タチ}}$ ％ の確率で m を含む信頼区間を求めると，$\boxed{\text{ツ}}$ となる。$\boxed{\text{ツ}}$ に当てはまる最も適当なものを，次の ①～④ のうちから一つ選べ。

    ① $-11.7 \leq m \leq -8.7$　 ② $-11.4 \leq m \leq -9.0$

    ③ $-11.2 \leq m \leq -9.2$　 ④ $-10.8 \leq m \leq -9.6$

A. 数学の補足

A.1 総和記号 $\sum$

平均値を求める際には，n 個の観測値の和が必要である。また分散を求めるときには偏差の 2 乗の和が必要である。このように統計では和をとることが多いが，和をとる操作を式で表すときに便利な記号が**総和記号** $\sum$（シグマ）である。和は英語では summation というが，$\sum$ はギリシャ文字でローマ字の S にあたるものである。$x_1, \cdots, x_n$ の n 個の観測値の和 $x_1 + \cdots + x_n$ は総和記号を用いると

$$x_1 + \cdots + x_n = \sum_{i=1}^{n} x_i$$

と表される。x_i の下付きの小さい i は添字と呼ばれる。総和記号には次のような性質がある。$x_1 = \cdots = x_n = a$ のように全て等しいときは，a が n 回足されるので

$$\sum_{i=1}^{n} a = na$$

である。各 x_i を定数倍して cx_i とした場合には

$$\sum_{i=1}^{n} (cx_i) = c \sum_{i=1}^{n} x_i$$

のように定数 c を総和記号の外に出すことができる。また各 x_i が $x_i = y_i + z_i$ のように 2 つの数の和のときには，

$$\sum_{i=1}^{n}(y_i + z_i) = \sum_{i=1}^{n} y_i + \sum_{i=1}^{n} z_i$$

のように別々に和をとってそれらを加えることができる。これらを組み合わせると，a, b を定数として

$$\sum_{i=1}^{n}(ay_i + bz_i) = a\sum_{i=1}^{n} y_i + b\sum_{i=1}^{n} z_i$$

が成り立つ。なお添字の記号を変えて $\displaystyle\sum_{j=1}^{n} x_j$ と書いても意味は同じであり，範囲や添字を省略して $\displaystyle\sum_{i} x_i$ や $\displaystyle\sum_{1}^{n} x_i$ などと書くこともある。

応用として，3.3 節で与えた分散の式に現れる平方和が

$$\sum_{i=1}^{n}(x_i - \bar{x})^2 = \sum_{i=1}^{n} x_i^2 - n\bar{x}^2$$

と変形できることは，次のように確認できる。

$$\sum_{i=1}^{n}(x_i - \bar{x})^2 = \sum_{i=1}^{n}(x_i^2 - 2\bar{x}x_i + \bar{x}^2) = \sum_{i=1}^{n} x_i^2 + \sum_{i=1}^{n}(-2\bar{x})x_i + \sum_{i=1}^{n} \bar{x}^2$$

$$= \sum_{i=1}^{n} x_i^2 - 2\bar{x}\sum_{i=1}^{n} x_i + \sum_{i=1}^{n} \bar{x}^2 = \sum_{i=1}^{n} x_i^2 - 2\bar{x}(n\bar{x}) + \sum_{i=1}^{n} \bar{x}^2$$

$$= \sum_{i=1}^{n} x_i^2 - 2n\bar{x}^2 + n\bar{x}^2 = \sum_{i=1}^{n} x_i^2 - n\bar{x}^2$$

A.2 階乗，順列，組合せ

この節は高等学校で学習する内容の復習である。A, B, C, $\cdots$ と書かれた n 枚のカードを 1 列に並べるとき，異なる並べ方は

$$n! = n(n-1)\cdots 3 \cdot 2 \cdot 1$$

通りある。記号 $n!$ を n の**階乗**と呼ぶ。ここで，$0! = 1$ と定義する。

n 枚から k 枚のカードを取り出して 1 列に並べるときの異なる並べ方は $n(n-1)\cdots(n-k+1)$ 通りとなる。これを**順列**（Permutation）と呼び ${}_n\mathrm{P}_k$

と表記する。順列は階乗を用いると次のように変形することができる。

$$_n\mathrm{P}_k = n(n-1)\cdots(n-k+1) = \frac{n!}{(n-k)!}$$

n枚のカードからk枚を選ぶとき，カードの並び方によらず，異なるカードの組合せだけを考えるとき，異なる**組合せ**（Combination）の数を$_n\mathrm{C}_k$と表す。たとえばA,B,C,D,Eの5枚のカードから3枚を抜き出すとき，(A,B,C)3枚の順列としては(A,B,C), (A,C,B), (B,A,C), (B,C,A), (C,A,B), (C,B,A)の$3! = 6$通りがあるが，組合せとしては1つと数える。

このことから順列と組合せについて，次の関係のあることがわかる。

$$_n\mathrm{P}_k = {}_n\mathrm{C}_k \times k! \quad \text{すなわち} \quad {}_n\mathrm{C}_k = \frac{{}_n\mathrm{P}_k}{k!} = \frac{n!}{k!(n-k)!}$$

このとき，$_n\mathrm{C}_0 = 1$，$_n\mathrm{C}_1 = n$，$_n\mathrm{C}_{n-k} = {}_n\mathrm{C}_k$ などの結果を確かめることは容易であろう。

組合せの数 $_n\mathrm{C}_k$ は，$\binom{n}{k}$ とも表し，**二項係数**と呼ぶことが多い。これは

$$(a+b)^2 = a^2 + 2ab + b^2, \quad (a+b)^3 = a^3 + 3a^2b + 3ab^2 + b^3$$

など，二項式のべき乗 $(a+b)^n$ の展開式において，$a^k b^{n-k}$ の係数が $_n\mathrm{C}_k$ で与えられることによる。特に，**二項定理**として知られる，次の式が成り立つ。

$$(a+b)^n = \sum_{k=0}^{n} {}_n\mathrm{C}_k\, a^{n-k}b^k = a^n + {}_n\mathrm{C}_1 a^{n-1}b + {}_n\mathrm{C}_2 a^{n-2}b^2 + \cdots + b^n$$

この適用例として，7.3節で与えた，次の**二項分布**を考える。

$$P(X = x) = {}_n\mathrm{C}_x p^x (1-p)^{n-x} \quad (x = 0, 1, 2, \cdots, n)$$

上記の確率の和を，二項定理を用いて計算すると，次のようになる。

$$\sum_{x=0}^{n} {}_n\mathrm{C}_x p^x (1-p)^{n-x} = \{p + (1-p)\}^n = 1$$

したがって，二項分布の確率を，そのとりうる値すべてについての和をとると1になり，確率分布の性質が満たされていることがわかる。

A.3 対数関数

この節は高等学校で学習する内容の復習である。任意の正の実数 x を $x = 10^y$ と表したとき，y を x の対数と呼び $\log_{10} x$ と書く。より一般的には，$a > 0$, $a \neq 1$ である任意の定数 a を用いて，任意の正の実数 x を $x = a^y$ と表したとき，y を「a を底とした x の対数」と呼び，$y = \log_a x$ と書く。ここで x を真数と呼ぶ。最初に示した対数の定義は $a = 10$ の場合であり，このときは常用対数と呼ばれている。また，底をネピアの数 e とした場合の対数 $\log_e x$ は自然対数と呼ばれている。数学で用いられるのはほとんどが自然対数であるが，現実の場では常用対数がしばしば用いられる。以下では，常用対数だけを考えることにし，それを単に $y = \log x$ と書く。

ここで，x に対応する対数 y を与える関数 $y = \log x$ $(x>0)$ を，**対数関数**と呼ぶ。対数関数については，次の性質が成り立つ。

(1)　$\log x \cdot y = \log x + \log y$

(2)　$\log \dfrac{x}{y} = \log x - \log y$

(3)　$\log x^p = p \cdot \log x$

(1), (2) の性質は，$x = 10^a$, $y = 10^b$ とおき，$10^a \times 10^{\pm b} = 10^{a \pm b}$ が成り立つことより得られる。また (3) は，$a = \log x^p$, $b = \log x$ とおけば $10^a = x^p = (10^b)^p = 10^{bp}$ より $a = pb$ が得られる。

次に，1.6 節の図 1.16 の下段のように，縦軸が対数目盛になっているグラフを考える。これは片対数グラフと呼ばれるもので，片方の軸（多くの場合は縦軸）が対数目盛になっている。いま，グラフの横軸および縦軸に対応する変数を，それぞれ x, y とし，このグラフ上での直線 $\log y = ax$ を考える（a は定数）。対数関数の定義より $y = 10^{ax} = (10^x)^a$ が成り立つから，この直線は $(0, 1)$, $(1, 10^a)$, $(2, 100^a)$, $(3, 1000^a)$, $\cdots$ を通ることが分かる。

簡単のために $a = 1$ とおけば，すなわち片対数グラフ上での直線 $\log y = x$ を考えれば，これは点 $(0, 1)$, $(1, 10)$, $(2, 100)$, $(3, 1000)$, $\cdots$ を通る。これより，横軸の x の値が 0, 1, 2, 3, $\cdots$ と変化するとき，縦軸の y の値は 1, 10, 100, 1000, $\cdots$ と変化し，大きな y の値ほど圧縮されて表示されることが分かる。したがって，このようなグラフは，縦軸の y の値が急激に

（指数関数的に）変化しているデータの全体の傾向を把握したい場合などに有効に使うことができる。

A.4 最小二乗法による 1 次式のあてはめ

データとして $(x_1, y_1), \cdots, (x_n, y_n)$ が与えられたときに 1 次式 $y = a + bx$ を最小二乗法であてはめるために，

$$S(a, b) = \sum (y_i - a - bx_i)^2 = (y_1 - a - bx_1)^2 + \cdots + (y_n - a - bx_n)^2$$

を最小にする a と b を，初等的な平方完成を用いる方法で求めよう（5.2 節参照）。

まず a に関する平方完成を考えると，

$$
\begin{aligned}
S(a, b) &= \sum \{(y_i - bx_i) - a\}^2 = \sum a^2 - 2\sum a(y_i - bx_i) + \sum (y_i - bx_i)^2 \\
&= na^2 - 2a\sum (y_i - bx_i) + \sum (y_i - bx_i)^2 \\
&= n\{a^2 - 2a(\bar{y} - b\bar{x})\} + \sum (y_i - bx_i)^2 = n\{a - (\bar{y} - b\bar{x})\}^2 + R(b)
\end{aligned}
$$

となる。ここで $R(b) = \sum (y_i - bx_i)^2 - n(\bar{y} - b\bar{x})^2$ である。$R(b)$ は a を含まないので，どのような b に対しても，$a = \bar{y} - b\bar{x}$ とすると $S(a, b)$ は最小になる。

つぎに $R(b)$ を変形する。A.1 で与えた式で，x_i を $w_i = y_i - bx_i$ とおけば，$\bar{w} = \bar{y} - b\bar{x}$ だから

$$
\begin{aligned}
R(b) &= \sum w_i^2 - n\bar{w}^2 = \sum (w_i - \bar{w})^2 \\
&= \sum \{(y_i - bx_i) - (\bar{y} - b\bar{x})\}^2 = \sum \{(y_i - \bar{y}) - b(x_i - \bar{x})\}^2
\end{aligned}
$$

となる。これから

$$
\begin{aligned}
R(b) &= \sum (y_i - \bar{y})^2 - 2b\sum (x_i - \bar{x})(y_i - \bar{y}) + b^2 \sum (x_i - \bar{x})^2 \\
&= n(s_y^2 - 2bs_{xy} + b^2 s_x^2)
\end{aligned}
$$

と書き換えられる。ここで $s_x^2 = \sum (x_i - \bar{x})^2 / n$ と $s_y^2 = \sum (y_i - \bar{y})^2 / n$ は x, y の分散，$s_{xy} = \sum (x_i - \bar{x})(y_i - \bar{y}) / n$ は x, y の共分散である（3.3 節，4.3 節参照）。

上で与えた $R(b)$ の式で，b に関する平方完成を考えると

$$\frac{R(b)}{n} = s_x^2 \left(b^2 - 2\frac{s_{xy}}{s_x^2}b\right) + s_y^2 = s_x^2 \left(b - \frac{s_{xy}}{s_x^2}\right)^2 + s_y^2 - \left(\frac{s_{xy}}{s_x}\right)^2$$

となる。

以上から $S(a, b)$ を最小にするためには $b = \dfrac{s_{xy}}{s_x^2}$, $a = \bar{y} - b\bar{x}$ とすればよいことがわかる。

解　　答

練習問題の解答

第1章　データの種類とグラフ表現

問 1.1　③

　離散変数は，量的変数でとびとびの値を取るような変数であるから，AとDがこれに該当し，③ が正解である。Bは量的変数のうちの連続変数であり，Cは順序尺度で測定された質的変数である。

問 1.2　③

　① は正しい：将来地元に住みたいと考えている高校生は，「一度出ても帰ってくる」と答えた約150人と「ずっと住みたい」と答えた約60人を合わせると約210人で，200人以上いる。② は正しい：「将来住みたくない」と「ずっと住みたい」と考えている高校生はそれぞれ約60人ずついる。③ は適切でない：それぞれの度数を合計してみると約370人である。④ は正しい：「わからない」と答えた高校生は約90人であるから，全体の約25％である。

問 1.3　③

　① は正しい：3年間継続した生徒は，361×0.41 = 148（人）で，約150人である。② は正しい：運動部に入部した生徒は，0.41 + 0.34 = 0.75 より約75％である。③ は適切でない：運動部に入部しなかった生徒は，361×0.25 = 90（人）である。④ は正しい：3年間継続した生徒の割合は41％であり，他の2

つのカテゴリの34％，25％よりも高い。

問 1.4 ④

①は正しい：公立および私立で，部活時間が2時間未満の生徒の割合は，それぞれ$66/300 = 0.22$および$23/100 = 0.23$である。②は正しい：公立および私立で，部活時間が3時間以上の生徒の割合は，それぞれ$93/300 = 0.31$および$43/100 = 0.43$である。③は正しい：公立および私立で，部活時間が1時間以上3時間未満の生徒の割合は，それぞれ$203/300 = 0.68$および$55/100 = 0.55$である。④は適切でない：公立と私立を合わせたデータで，部活時間が3時間以上の生徒の割合は$136/400 = 0.34$であり，公立で部活時間が3時間以上の生徒の割合は$93/300 = 0.31$である。

問 1.5 ②

①は正しい：質的変数の各カテゴリが全体に占める割合を調べる際には，円グラフや帯グラフが用いられる。②は適切でない：積み上げ棒グラフは，割合ではなく度数を表しているため，度数の変化を見ることはできるが割合の変化を見るのには計算が必要となる。③は正しい：レーダーチャートは全体のバランスを見るときに用いられる。④は正しい：幹葉図はデータの分布が直感的に把握しやすいグラフである。また，データの要約は行っていないので原データの値が復元できる。

問 1.6 ④

①は正しい：建物火災件数はどの年も200件以上あり，全体の半分以上を占めている。②は正しい：全体の火災件数は全て合わせた時の棒の高さに対応している。平成22年が一番低いことがわかる。③は正しい：建物火災の件数は一番下の棒の高さに対応しており，平成19年がピークでその後は減少している。④は適切でない：林野での火災件数は，平成19年ではなく平成21年が最も多いが，その件数は50件程度である。

問 1.7 ④

①は正しい：最も降水量の多い月は，棒グラフを見ることによって，6月であることがわかる。②は正しい：最も平均気温が高いのは，折れ線グラフを見ることによって，8月であることがわかる。③は正しい：冬場は棒グラフでも折れ線グラフでも小さい値を示しているので，平均気温が低く降水量も少ない

ことがわかる。1, 2，11，12 月の中で最も降水量が多い 11 月を見ても 80mm を超えていない。④ は適切でない：3 月の平均気温は折れ線グラフを見て判断すると約 10℃である。

問 1.8　④

① は正しい：全体の犯罪検挙数は 50 万件以上であるのに対して，毎年の変化は多くとも 5 万件程度なので，縦軸が 0 から始まるグラフでは年ごとの変化の割合が分かりにくい。② は正しい：グラフの縦軸の途中を省略した場合には，その旨を明記しておくことが重要である。③ は正しい：縦軸の途中が省略されたグラフを解釈する際には，そのことを考慮に入れることが重要である。④ は適切でない：縦軸が 0 から始まっていないグラフは，そうすることによって効果がある場合には，その旨を明記しておけば使用することに問題はない。

問 1.9　①

前の月からの差を調べると，2 月以降は，次の表のようになる。

2 月	3 月	4 月	5 月	6 月	7 月	8 月	9 月	10 月	11 月	12 月
1	11	4	0	−5	1	3	−6	−3	0	2

これを示している折れ線グラフは，① である。② はその月のガソリン価格，③ は前月からの比，④ は（前月との差）／（前月の価格）をそれぞれ表している。

問 1.10　③

2005 年の米の作付面積は 1,706 千 ha で，2009 年の米の作付面積は 1,624 千 ha であるから，$\frac{1,624}{1,706} \times 100 = 95.2$ となり，最も適切なものは ③ である。

問 1.11　③

① は正しい：2005 年の部分を見ると，放火による火災が最も多いことがわかる。② は正しい：たき火が原因の火災は一度 1995 年で増加しているが，その後減少しており，1990 年よりも 2005 年の方が少なくなっている。③ は適切でない：こんろが原因の火災発生件数は，1990 年に比べて 2005 年の方が少なくなっている。④ は正しい：たばこが原因の火災発生件数は，1995 年に一度増

加しているが，その後は減少している。

問 1.12　②

①は適切でない：60 歳以上の登山者が遭難する割合を他の年齢層と比較するには，60 歳以上の登山者数や 60 歳未満の登山者数も必要である。②は適切である：与えられた表から判断することができる。③は適切でない：遭難者数も増加しているため，必ずしも 60 歳以上の遭難者の割合が高くなっているとは限らない。実際，H20 が一番高い。④は適切でない：60 歳以上の登山者数については，このデータからはわからない。

第 2 章　量的変数の要約方法

問 2.1 (1)　⑤

①は正しい：最も度数の大きい階級は，4 分以上 6 分未満である。②は正しい：通学時間が 10 分以上の生徒の人数は，10 分以上 12 分未満の階級から下の部分を合計した 7 人である。③は正しい：2 分以上 4 分未満の階級は 7 人，相対度数は $7/35 = 0.2$ である。④は正しい：通学時間が 2 分以上 8 分未満の生徒は 23 人おり，全体の約 66% である。⑤は適切でない：通学時間が 4 分未満の生徒は 10 人で半数以下であること，6 分未満の生徒は 20 人で半数以上であることはわかるが，5 分以下の生徒の数はこの度数分布表からは確定できない。

問 2.1 (2)　②

①は適切でない：階級幅を 4 分とし，度数分布表を作り直した場合のヒストグラムである。②は適切である：与えられた度数分布表のとおり，階級幅は 2 分で表されており数値も正しい。③は適切でない：階級幅は 2 分であるが，階級が全て 2 分ずれている。④は適切でない：階級幅が 4 分であり，度数の数値は誤っている。なお，①と②のヒストグラムは誤りではなく，実際は階級幅などを変えて，全体的な傾向を理解できるものを選ぶのがよい。

問 2.2　③

A は誤りで，B は正しい：これは第 2 四分位数 Q_2 が 12 冊なので，借りた本の冊数が 12 冊以下である児童が半数以上いることと，$Q_2 < \bar{x}$ からわかる。した

がって， ③ が正解である。

問 2.3 ①

A は正しい：0 点の人が数パーセントいる。B は誤り：90 点ですでに累積相対度数が 100% になっている。つまり，最高は 90 点であり，100 点をとった学生はいない。C は誤り：第 3 四分位数がおよそ 64 点，第 1 四分位数がおよそ 30 点のため，四分位範囲は約 34 点となる。したがって， ① が正解である。

問 2.4 ④

① は適切でない：n が偶数で中央値が 10,000 円なので半数以上は 10,000 円以上となる。 ② は適切でない：10 万円以上購入した顧客がいるかどうかは，この表からは断定できない。 ③ は適切でない：第 1 四分位数は，前半 25 番目の値と 26 番目の値の平均値のため，2,500 円になるとは限らない。 ④ は正しい：大きい順であり，第 3 四分位数が 55,000 円であることからわかる。

問 2.5 ②

I は誤り：2 つの箱ひげ図のひげの両端の間の長さは等しいので範囲は等しい。II は正しい：B グループの箱の方が長いので，四分位範囲は B グループの方が大きい。したがって， ② が正解である。

問 2.6 ②

① は適切でない：箱ひげ図はヒストグラムを簡略的に描いたものであり，大まかには判断できる。 ② が適切である（ ③ ， ④ ， ⑤ はいずれも適切でない）：ヒストグラムより，中央値は 40～49 付近であり，30～49 に観測値は集中しており，左に長くすそを引いていることも踏まえ，4 つの箱ひげ図では，A が最も近いと考えられる。

問 2.7 (1) ①

1 回目の $X + Y$ の最小値が 108.0 であるから，図 2 から 1 回目の箱ひげ図は a である。また，箱ひげ図 a より，1 回目は 100～105(点) の階級に観測値はないので，図 1 から 1 回目のヒストグラムが A であることがわかる。したがって， ① が正解である。

問 2.7 (2) ②

① は適切ではない。四分位範囲は b 図の 2 回目の方が若干大きい。 ② は正

しい。1回目の中央値は124程度，2回目の中央値は114程度である。 ③ は適
切ではない。1回目の最大値は144程度，2回目の最大値は142程度である。 ④
は適切ではない。1回目の最小値は108，2回目の最小値は104程度である。

第3章　1変数データの分析

問 3.1　①

① が誤りでその他は正しい：10人分のデータから，中央値は10（題），平均
値は14（題），最頻値は10（題），最大値は50（題）である。

問 3.2　②

① は正しい：最頻値はデータの大きさが十分に大きくないときは明確な意
味を持たない（58ページ参照）。 ② は適切でない：最大値よりも大きな観測値
を加えると中央値は大きくなる傾向はあるが，中央値と同じ観測値が複数個含
まれているときには，変化しないこともある。 ③ は正しい：最大値よりも大き
な観測値を加えると平均値は必ず大きくなる。 ④ は正しい：左右対称な分布の
ときには，最頻値が中央の山となり，平均値や中央値もその値と近い値となる。

問 3.3　④

① は正しい：35人のちょうど真ん中の人は18番目であるから，2時間以上
4時間未満の階級にある。 ② は正しい：最も度数の多い階級は2時間以上4時
間未満なので，階級の代表値を用いる場合の最頻値は3時間である。 ③ は正し
い：各階級の値を階級値で置き換えて平均値を計算すると，$113/35 \doteqdot 3.23$ とな
る。 ④ は適切でない：各階級ですべて最小の値を取る場合には，3.23よりも1
時間小さくなり，最大の値を取る場合には1時間大きくなる。つまり，平均値は
2.23時間以上4.23時間未満となる。

問 3.4　③

分散の定義は偏差の2乗の平均である。つまり，得点の分散は296.49である。
標準偏差は分散の正の平方根なので， ③ が正解である。

問 3.5　③

Aの各観測値に15を加えたものがBだから，平均値，中央値は変わるが，分

散は変わらないので，③が正解である。

問 3.6 ②

Ⅰ と Ⅱ は正しい：実際に度数分布における平均値や範囲，分散を求めてもよいが，A も B も対称だから定義からも平均値や範囲が等しいことがわかる。Ⅲ は誤り：分散については A の方が平均値より離れている観測値が多いことから大きいとわかる。したがって，②が正解である。

問 3.7 ①

標準化の変換式により，標準化した点数が 0 は元の点数の平均値と一致するため，54.0 点となるので，①が正解である。

問 3.8 ③

C さんの点数は平均値であり，平均値と中央値がほぼ一致することから，C さんの点数は中央値（第 2 四分位数）とほぼ等しい。B さんの点数が第 1 四分位数と一致しているので，B→C の順である。また，C さんの点数を標準化すると 0 になり，A さんの点数は標準化すると 1 なので，C→A の順である。すなわち，B→C→A となる。したがって，③が正解である。

問 3.9 ②

定義より，偏差値の大小関係は標準化された点数の大小関係と一致する。今回の国語と数学の標準偏差は等しいため，それぞれの偏差の大小関係が標準化された点数の大小関係になる。国語の偏差は $56 - 52.2 = 3.8$（点），数学の偏差は $45 - 40.4 = 4.6$（点）なので，数学の偏差値が国語の偏差値よりも高い。したがって，②が正解である。

問 3.10 ⑤

Ⅰ は誤り：データ全体を考えると，数値の小さい方にすその長い分布になっており，平均値は小さい方の極端な値の影響を強く受けるため，平均値を代表値として考えることは適しているとは言い難い。Ⅱ は正しい：このようなときは，中央値を代表値として考える方が適している。Ⅲ は正しい：また，小さい方の 27 と 29 は他の観測値とは大きく異なることから外れ値として考えることが望ましい。したがって，⑤が正解である。

問 3.11 (1) X と W の相関係数 r は，$r = (X と W の共分散)/\{(X の標準偏差)$

$\times$ (W の標準偏差) } だから，表の値を代入すれば，$r = 0.754/(0.200 \times 5.36) = 0.703\cdots$ ア と計算できる。

問 3.11 (2)　n 人の身長のデータを $h_1, h_2, \cdots, h_n$ とすると，与えられた条件より $\displaystyle\sum_{i=1}^{n} h_i^2/n = 100^2 \sum_{i=1}^{n} x_i/n = 100^2 \times 2.75 = 27500\cdots$ イ となる。また，$\displaystyle\overline{h} = \sum_{i=1}^{n} h_i/n = 165.7$ だから，与えられた式を適用すると，身長の分散 s_h^2 は次のように計算できる。$\displaystyle s_h^2 = \sum_{i=1}^{n} h_i^2/n - \overline{h}^2 = 27500 - 165.7^2 \fallingdotseq 43.5\cdots$ ウ

第4章　2変数データの分析

問 4.1　③

グラフから米あるいはパンと答えた女性の合計は約80％である。これから米と答えた女性約30％を差し引くと，パンと答えた女性は全体の約50％であるので，③ が正解である。

問 4.2　③

2つの変数間に正の相関関係があるとき，一方の変数が大きくなれば，他方の変数も大きくなる傾向がある。Ⅰは正の相関関係があると考えられる：ジョギングの時間が長くなれば，一般に消費カロリーは増える。Ⅱは正の相関関係があると考えられる：視聴時間が長くなれば，一般にそのテレビの消費電力はかかる。したがって，③ が正解である。

問 4.3　④

回答者全員117人中，男性でうどんを選んだ人は34人なので，求める割合は34/117になる。また，男性全体77人中，そばを選んだ人は43人なので，求める割合は43/77になる。したがって，④ が正解である。

問 4.4　①

すべての人が中間試験の点数 +20 = 期末試験の点数となる場合，定義より相

関係数は1になるので，①が正解である。

問 4.5　①

　正の強い相関関係があるため，散布図では右上がりの直線に近い形で分布する。つまり，①のような状態になり，②や③にはならない。④は，平均値の定義より起こり得ないため適切ではない。したがって，①が正解である。

問 4.6　①

　問題に書かれている観測値の変更で，より右上がりの直線状に近づき，相関係数の値は1に近づくので，①が正解である。

問 4.7　④

　Iは誤り：相関係数は測定の単位の影響を受けない。IIは誤り：相関係数は横軸，縦軸を入れ替えても変わらない。したがって，④が正解である。

問 4.8　④

　相関係数は変数を正の定数倍しても x と y を交換しても変わらない。つまり，(1) と (2) と (3) の散布図は同じ相関係数をもつので，④が正解である。

問 4.9　①

　相関係数は変数を正の定数倍しても定数を加えても変わらないので，①が正解である。

問 4.10　③

　①，②，④は正しい：相関係数が 0.94 であることより，正の強い相関関係がみられ，相関関係がないとはいい難い。また，右上がりの直線状に観測値が分布していると予想される。③は適切でない：一般的に，相関関係はいえても，原因と結果の関係をいうためにはもっと情報が必要である。

問 4.11　X の分散を s_X^2，D の分散を s_D^2 とすると，$s_X^2 = 1.80^2 s_D^2 = 3.24 s_D^2$ であるから，$3.24\cdots$　ア　倍となる。また，X と Y の共分散を s_{XY}，D と Y の共分散を s_{DY} とすると，$s_{XY} = 1.80 s_{DY}$ であるから，$1.80\cdots$　イ　倍となる。さらに，D から X への1次式変換によって相関係数の値は変わらないから，X と Y の相関係数は D と Y の相関係数の $1\cdots$　ウ　倍である。

第 5 章　回帰直線と予測

問 5.1　①

Ⅰは正しい：回帰係数は，測定の単位の影響を受ける。たとえば，cm（m）で測ったときの回帰係数 β は 1cm（1m）増加したときの増加分を示す。Ⅱは誤り：一般に，定義から 2 つの変数を入れ替えると回帰係数の値は変化する。また，説明変数と被説明変数は入れ替えてはいけない。したがって，①が正解である。

問 5.2　③

$y = -305.3 + 0.361x$ に $x = 2000$ を代入すると 416.7 となり，③が正解である。

問 5.3 (1)　②

得られた回帰直線の式から，最高気温が 1℃上がると売上数は 2.33 個くらい増えると言える。したがって，②が正解である。

問 5.3 (2)　④

$y = 3.73 + 2.33x$ に $x = 25$ を代入すると 61.98 となり，④が正解である。

問 5.4　④

与えられた値より $\hat{\beta} = r_{xy} \times s_y/s_x = 0.8 \times 50/5 = 8.0$，$\hat{\alpha} = \bar{y} - \hat{\beta} \times \bar{x} = 340 - 8.0 \times 30 = 100$ となる。したがって，④が正解である。

問 5.5　②

Ⅰは誤り：回帰直線では，説明変数の取りうる値から大幅にずれた値についての予測をしてはいけない。データから最低賃金はおよそ 640 円から 830 円である。2000 円を回帰直線の式に代入して値を求めてはいけない。Ⅱは正しい：回帰直線の式の最低賃金に 700 円を代入すると，$66.95 + 0.045 \times 700 = 98.45$ となる。つまり，全国物価地域差指数は平均的に 98.45 である。Ⅲは誤り：被説明変数から説明変数を予測してはいけない。したがって，②が正解である。

問 5.6　③

Ⅰは誤り：回帰直線の係数（傾き）の値で回帰直線の当てはまりは評価できない。Ⅱは誤り：平均勉強時間が 2 時間の生徒の期末試験の点数が 60 点であると予測はできるが，60 点であると断言できない。Ⅲは正しい：決定係数は 0 に近

い値を示しているので，回帰直線の当てはまりがわるいと判断できる。したがって，③ が正解である。

本問は3級の問題としては難しいが，理解しておくことを勧める。

第6章 確率

問 6.1 ③

50枚のカードは同じ確率で選ばれると仮定すると，青いカードは15枚で，全体は50枚であるから，確率は0.3となるので，③ が正解である。

問 6.2 ③

大きいサイコロと小さいサイコロの目の組合せは，全体で 6×6 の36通りである。このうち，同じ目となるのは6通りであるから，確率は $\frac{6}{36} = \frac{1}{6}$ となるので，③ が正解である。

問 6.3 ④

コインの表裏の出方の組合せは，全体で $2^3 = 8$ 通りである。このうち，1度も表が出ないのは，1通りであるから，1回以上表が出る確率は $\frac{7}{8}$ である。したがって，④ が正解である。

問 6.4 ④

A, B, C, D の配置の方法は，$4! = 24$ 通りである。AとBが対角の位置に来ると，AとBは対戦しない。すなわち左上と右下の丸に来るか，あるい右上と左下の丸に来る場合，AとBは対戦しない。このような場合は全部で8通りあるので，AチームとBチームと対戦するのは，$\frac{24-8}{24} = \frac{2}{3}$ になる。したがって，④ が正解である。

問 6.5 ④

大小のサイコロの目の出方の組合せは36通りある。これらが全て同じ確率と考える。この時，$P(A) = \frac{1}{2}$，$P(B) = \frac{2}{3}$，$P(C) = \frac{1}{2}$，$P(D) = \frac{3}{4}$ となる。① は正しい：$P(A \cap B) = \frac{1}{3}$ であるから，AとBは独立である。② は正しい：$P(A \cap C) = \frac{1}{4}$ であるから，AとCは独立である。③ は正しい：$P(B \cap C) = \frac{1}{3}$

であるから，B と C は独立である。④ は誤り：A が成り立てば D は必ず成り立つので，$P(A \cap D) = \dfrac{1}{2}$ である。したがって，④ が正解である。

問 6.6 ③

500 人の支持の状況を独立な試行と考え，支持する確率が $\dfrac{2}{3}$ であることから，反復試行の確率で計算すると，$_{500}C_{300} \left(\dfrac{2}{3}\right)^{300} \left(\dfrac{1}{3}\right)^{200}$ となる。したがって，③ が正解である。

問 6.7 ③

まず，喫煙者で病気にかかる確率を求めると，$0.2 \times 0.003 = 0.0006$ になる。非喫煙者で病気にかかる確率は，同様に $0.8 \times 0.001 = 0.0008$ になる。したがって，トータルで病気にかかる確率は $0.0006 + 0.0008 = 0.0014$ になる。病気にかかったという条件の下で，喫煙者である確率は，$0.0006/0.0014 = \dfrac{3}{7}$ になる。したがって，③ が正解である。

問 6.8 (1) 与えられた事象 A, B, C の定義より，それぞれの事象に対する確率は，次のようになる。$P(A) = 1/6 \cdots$ ア ，$P(B) = 6/36 = 1/6 \cdots$ イ ，$P(C) = 4/36 = 1/9 \cdots$ ウ 。

問 6.8 (2) $P(A|C) = P(A \cap C)/P(C) = (1/36)/(4/36) = 1/4 \cdots$ エ である。同様にして，$P(C|A) = P(C \cap A)/P(A) = (1/36)/(6/36) = 1/6 \cdots$ オ である。

問 6.8 (3) $P(A \cap B) = 1/36$, $P(A)P(B) = (1/6) \cdot (1/6) = 1/36$ だから $P(A \cap B) = P(A)P(B)$ が成り立つので，カ は ② となる。また，$P(A \cap C) = 1/36$, $P(A)P(C) = (1/6) \cdot (1/9) = 1/54$ だから $P(A \cap C) > P(A)P(C)$ が成り立つので，キ は ③ となる。

問 6.8 (4) 1 回の試行で $\overline{A} \cap C$ が起こる確率は，$P(\overline{A} \cap C) = 3/36 = 1/12$ であるから，1 回目に $A \cap B$ が起こり 2 回目に $\overline{A} \cap C$ が起こる確率は，$(1/36) \cdot (1/12) = 1/432 \cdots$ ク である。次に，事象 B と事象 C は同時には起こらないから，2 回の試行で事象 A, B, C がいずれもちょうど 1 回ずつ起こるのは，次のいずれ

かでなければならない。1) 2回のうちのいずれかで $A \cap B$ が起こり，他の試行で C のみが起こる，すなわち $\overline{A} \cap C$ が起こる。2) 2回のうちのいずれかで $A \cap C$ が起こり，他の試行で B のみが起こる，すなわち $\overline{A} \cap B$ が起こる。1) の場合の確率を計算すると，$(1/36) \cdot (1/12) \times 2 = 1/216$ となる。同様に 2) の場合の確率を計算すると，$P(\overline{A} \cap B) = 5/36$ であるから $(1/36) \cdot (5/36) \times 2 = 5/648$ となる。したがって，求める確率は $(1/216) + (5/648) = 1/81 \cdots$ ケ である。

第7章　確率変数と確率分布

問 7.1 (1) ④

くじは全部で 20 本あり，200 円くじが 5 本なので，$P(X = 200) = 5/20$ である。したがって，④ が正解である。

問 7.1 (2) ②

平均は $E(X) = 1000 \times 1/20 + 500 \times 2/20 + 200 \times 5/20 + 0 \times 12/20 = 150$ である。また，$E(X^2) = 1000000 \times 1/20 + 250000 \times 2/20 + 40000 \times 5/20 + 0 \times 12/20 = 85000$ より，分散は $V(X) = 85000 - 150^2 = 62500$ となる。これより，標準偏差は $\sigma(X) = \sqrt{62500} = 250$ である。したがって，② が正解である。

問 7.2 ④

与えられた値より，$E(Y) = E(10X + 20) = 10E(X) + 20 = 10 \times 15 + 20 = 170$ である。また，$V(Y) = V(10X + 20) = 10^2 V(X) = 100 \times 9 = 900$ となる。したがって，④ が正解である。

問 7.3 (1) ③

年末ジャンボ宝くじの当選金額の平均は，

$$7\text{億} \times \frac{1}{2000\text{万}} + 1\text{億}5000\text{万} \times \frac{1}{1000\text{万}} + 1000\text{万} \times \frac{3}{2000\text{万}}$$

$$+100\text{万} \times \frac{1}{20\text{万}} + 10\text{万} \times \frac{1}{4763} + 1\text{万} \times \frac{1}{1000} + 3000 \times \frac{1}{100}$$

$$+300 \times \frac{1}{10} \fallingdotseq 35 + 15 + 1.5 + 5 + 21 + 10 + 30 + 30 = 147.5\,(\text{円})$$

となるので，年末ジャンボミニ宝くじの当選金額の平均（149 円）の方が高い。

したがって，③ が正解である。

問 7.3 (2)　③

販売額は 3（億枚）×300（円）=900（億円）であり，総当選金額はおよそ 3（億枚）×149（円）=447（億円）である。その差は $900 - 447 = 453$（億円）となる。したがって，③ が正解である。

問 7.4 (1)　③

5 人の生徒のうち，合格する人数を確率変数 X とすると，二項分布 $B(5, 0.4)$ に従う。$P(X = 1) = {}_5\mathrm{C}_1 0.4^1 (1 - 0.4)^{5-1} = 5 \times 0.4 \times 0.6^4 = 0.2592$ である。したがって，③ が正解である。

問 7.4 (2)　②

二項分布 $B(5, 0.4)$ より，平均 $= 5 \times 0.4 = 2$，分散 $= 5 \times 0.4 \times 0.6 = 1.2$ となる。したがって，② が正解である。

問 7.5 (1)　①

取り出された白球の個数 X は二項分布 $B(3, 0.3)$ に従う。また，青球の個数 Y は二項分布 $B(3, 0.5)$ に従う。これより，それぞれの平均と分散は $E(X) = 0.9$，$V(X) = 0.63$，$E(Y) = 1.5$，$V(Y) = 0.75$ となる。したがって，① が正解である。

問 7.5 (2)　②

白球の個数 X と青球の個数 Y の合計 $X + Y$ もこれらの色が同じと考えると，二項分布 $B(3, 0.8)$ に従う。これより，平均と分散は $E(X + Y) = 2.4$，$V(X + Y) = 0.48$ となる。したがって，② が正解である。

この例のように，2 つの確率変数の和については，$E(X + Y) = E(X) + E(Y)$ が常に成り立つ。しかし，$V(X + Y) = V(X) + V(Y)$ は，一般には成り立たない。

問 7.6　①

$P_A = P(X \geqq 68) = P((X - 65)/5 \geqq (68 - 65)/5) = P(Z \geqq 0.6) = 0.2743$，
$P_B = P(65 \leqq X \leqq 70) = P((65 - 65)/5 \leqq (X - 65)/5 \leqq (70 - 65)/5) = P(0 \leqq Z \leqq 1) = 0.5 - 0.1587 = 0.3413$ である。したがって，① が正解で

ある。

問 7.7　④

　ペットボトルのキャップを 300 回投げて表が出る回数を X とすると，X は二項分布 $B(300, 0.3)$ に従う。また，投げる回数が多いので，この二項分布は正規分布 $N(90, 63)$ で近似できる。これより，$P_A = P(X \geq 100) \fallingdotseq P(Z \geq (100 - 90)/\sqrt{63}) = P(Z \geq 1.26) = 0.1038$，$P_B = P(X \geq 75) \fallingdotseq P(Z \geq (75 - 90)/\sqrt{63}) = P(Z \geq -1.89) = 1.0 - 0.0294 = 0.9706$，である。したがって，④ が正解である。

第 8 章　データの収集：実験・観察・調査

問 8.1　①

　① は適切でない：データ解析の方法は目的によって異なるため，解析を行う際にも問題をしっかり把握しておく必要がある。②，③，④ の記述は正しい。

問 8.2　②

　② は適切でない：食品の摂取方法を個人の自由意思で決定すると，その時の健康状態によって摂取方法が異なることも考えられるため，できるだけ食品の摂取方法については研究実施者の方で割り当てたほうがよい。①，③，④ の記述は正しい。

問 8.3　④

　A は観察研究：大学入学後の経費の調査であり，大学進学先への介入は行っていない。B は実験研究：治療効果の検証のために患者を 2 つのグループに無作為に割り付け，適用する治療法について介入を行っている。C は観測研究：過去に 1 日平均 3 合以上飲酒していたかどうかの聴き取り調査をしており，飲酒行動への介入は行っていない。したがって，④ が正解である。

問 8.4　③

　A は正しい：能力差による影響を少なくして教授法の差を調べることができるので，適切なグループ分けである。B は適切でない：教授法の差以外に大学の差の影響も受けてしまう可能性があるので，適切なグループ分けとは言えない。C は正しい：教授法の成果に影響を及ぼす可能性のある要因をできるだけ一致させ

ようとするので，適切なグループ分けである。したがって，③が正解である。

問 8.5　②

①は正しい：国勢調査は，西暦の末尾の数字が 0 または 5 の年に行われる。②は適切でない：国勢調査の対象は日本に住んでいるすべての人および世帯である。③は正しい：国勢調査には回答することが法律（統計法）によって義務付けられている。④は正しい：国勢調査の結果はインターネット等で公開されている。

問 8.6　①

①は適切でない：標本誤差は標本調査の場合に生じ，全数調査の場合には生じないが，非標本誤差はいずれの場合にも生じる。また，非標本誤差は一般的には全数調査の場合の方が大きい可能性が高く，標本誤差との大きさの大小は判断できない。したがって，標本調査と全数調査の精度は比較できない。②は正しい：標本が適切に選ばれれば推定は偏りなくできる。③は正しい：一般には非標本誤差の大きさを推定することはできないので，標本誤差との大小の評価を行うことは難しい。④は正しい：調査の誤差のうち偏りは，真値を過大または過小に評価してしまう誤差である。

問 8.7　②

電話をかけたのはある企業に顧客として登録されている人であるが，小学生の子どもがいない人は調査から除外されているので，ここでの母集団は，「ある企業に顧客として登録されていて小学生の子どもを持つ人全体」である。また，標本は，「電話をかけた中で小学生の子どもがいる 600 名」となる。したがって，②が正解である。

問 8.8　③

単純無作為抽出とは，母集団に含まれるすべての個体が同じ確率で選ばれることである。①，②は正しい：無作為抽出の方法として適切である。③は適切でない：人が適当に数字を選ぶと，すべての個体が同じ確率で選ばれることにはならない。④は正しい：単純無作為抽出の定義である。

第 9 章　統計的な推測

問 9.1 (1)　②

$P(X_1 \geqq 60) = P((X_1 - 50)/10 \geqq (60 - 50)/10) = P(Z \geqq 1.0) = 0.159$ なので，②が正解である。

問 9.1 (2)　②

$\bar{X}$ は正規分布 $N(50, 10^2/25)$ に従うことから，$P(\bar{X} \geqq 51) = P((\bar{X} - 50)/2 \geqq (51 - 50)/2) = P(Z \geqq 0.5) = 0.3085$ なので，②が正解である。

本問では，各点数 X が正規分布に従っているので，$\bar{X}$ も正規分布 $N(50, 10^2/25)$ に従う。一般に，正規分布でなくても同じ分布に従っていれば，$\bar{X}$ が正規分布 $N(50, 10^2/25)$ に近似的に従うことを用いることができる（本文【重要な性質 1】を参照のこと）。

問 9.2 (1)　③

標本比率の平均は箱の中の不良品の割合 5% ($= 0.05$) と一致するので，③が正解である。

問 9.2 (2)　②

箱の中の不良品の割合 $p = 0.05$ に対し，標本比率の標準偏差は，$\sigma = \sqrt{p(1-p)/n} = \sqrt{0.05 \times 0.95/100} = 0.022$ なので，②が正解である。

問 9.2 (3)　②

標本比率を標準化した $(\hat{p} - \mu)/\sigma$ は標準正規分布 $N(0, 1)$ に近似的に従うので，$(\hat{p} - \mu)/\sigma$ が 1.96 以上となる確率は 0.025 である。したがって，②が正解である。

問 9.3 (1)　②

ヒットを打つ確率 p に対する標本比率は $32/100 = 0.32$ となり，信頼度 95% の信頼区間は，$0.32 \pm 1.96 \times \sqrt{0.32 \times (1 - 0.32)/100} = 0.32 \pm 0.09$ なので，$0.23 \leqq p \leqq 0.41$ となる。したがって，②が正解である。

問 9.3 (2)　③

標本サイズが 2 倍なので，信頼区間の幅は $1/\sqrt{2}$ 倍となる。したがって，③

が正解である。

問 9.4　③

信頼区間とは，標本の大きさと信頼度（信頼係数）を固定して，同じ手順で信頼区間を数多く作成したとき，「作成された信頼区間が母平均 μ を含む確率が信頼度である」と解釈する。I は誤り：区間 $[110, 120]$ に標本の 95%が含まれるのではない。II は誤り：区間 $[110, 120]$ に標本平均がある確率が 95%ではない。III は正しい：上で説明した事柄を示す。したがって，③ が正解である。

問 9.5　④

仮説検定は，「1. 帰無仮説，対立仮説を立てる。2. 有意水準を決める。3. 帰無仮説のもとで棄却域を求める。4. 実験等の結果から帰無仮説を棄却するか否かを判断する。」という手順により行う。したがって，④ が正解である。

問 9.6 (1)　②

目標販売数より売れているという主張を調べたいので，販売数の日平均が目標と同じである（500 個である）ことを帰無仮説とし，目標より多いこと（500 個より多い）を対立仮説とすることが適切である。したがって，② が正解である。

問 9.6 (2)　④

有意水準 1%で有意であるとは，「帰無仮説が真のとき，調査により得られた値以上の値が得られる確率が 1%以下である」ということである。この問題で帰無仮説が真とは「販売数の日平均が 500 個」であり，得られた値が a なので，④ が正解である。

問 9.7 (1)　⑤

一郎くんの方が強い場合，X は 5 以上になると考えられる。また，帰無仮説が真の場合（一郎くんと次郎くんの強さが同じとする場合），$X \geq 7$ となる確率は $0.004 + 0.031 = 0.035$，$X \geq 6$ となる確率は $0.004 + 0.031 + 0.109 = 0.144$ である。よって，有意水準 0.05 のときの棄却域は 0.05 を超えない $X \geq 7$ である。したがって，⑤ が正解である。

問 9.7 (2)　④

X の分布が正規分布 $N(4, 2)$ で近似できるので，$(X - 4)/\sqrt{2}$ の分布が標準

正規分布 $N(0,1)$ となる．また，有意水準 0.05 なので，標準正規分布表より，$(X-4)/\sqrt{2} \geq 1.645$ が棄却域となる．つまり，棄却域は $X \geq 6.33$ である．したがって，④ が正解である．

問 9.7 (3)　①

有意水準 0.05 のとき，$X = 6$ は棄却域には入らない．よって，帰無仮説は棄却されず，一郎くんの方が（次郎くんより）強いとは言えない．したがって，① が正解である．

帰無仮説が棄却されないとき，「一郎くんと次郎くんの強さが同じである」とも言えないことに注意されたい．

問 9.8 (1)　$E(X) = -7$，$\sigma(X) = 5$ から，$E(X^2) = \{\sigma(X)\}^2 + \{E(X)\}^2 = 5^2 + (-7)^2 = 74\cdots\boxed{\text{アイ}}$ である．$W = 1000X$ なので，その期待値と分散はそれぞれ，$E(W) = E(X) \times 1000$，$V(W) = \{\sigma(X) \times 1000\}^2$ となる．これより，$E(W) = E(X) \times 10^{3\cdots\boxed{\text{ウ}}}$，$V(W) = 5^{2\cdots\boxed{\text{エ}}} \times 10^{6\cdots\boxed{\text{オ}}}$ となる．

問 9.8 (2)　$P(X \geq 0) = P((X+7)/5 \geq (0+7)/5) = P((X+7)/5 \geq 1.4\cdots\boxed{\text{カ}}.\boxed{\text{キ}})$ より，$P(Z \geq 1.4) \fallingdotseq 0.08\cdots\boxed{\text{クケ}}$ である．M は二項分布 $B(50, 0.08)$ に従うので，$E(M) = 50 \times 0.08 = 4.0\cdots\boxed{\text{コ}}.\boxed{\text{サ}}$，$\sigma(M) = \sqrt{50 \times 0.08 \times (1-0.08)} = \sqrt{3.68}$，つまり，$3.7\cdots\boxed{\text{シ}}.\boxed{\text{ス}}$ となる．

問 9.8 (3)　母標準偏差 6 より，標準偏差 $\sigma(\bar{Y}) = 6/\sqrt{100} = 6/10 = 0.6\cdots\boxed{\text{セ}}.\boxed{\text{ソ}}$ である．標準正規分布表を用いて $P(|Z| \leq 1.64)$ を求めると $0.90\cdots\boxed{\text{タチ}}$ となる．母平均 m に対する信頼度 90% の信頼区間は，$-1.64 \leq (-10.2 - m)/0.6 \leq 1.64$ を解くことによって，$-1.64 \times 0.6 + 10.2 \leq -m \leq 1.64 \times 0.6 + 10.2$，つまり，$-11.184 \leq m \leq -9.216$ となる．したがって，③ が正解である．

標準正規分布の上側確率

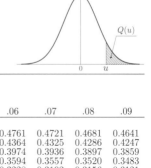

u	.00	.01	.02	.03	.04	.05	.06	.07	.08	.09
0.0	0.5000	0.4960	0.4920	0.4880	0.4840	0.4801	0.4761	0.4721	0.4681	0.4641
0.1	0.4602	0.4562	0.4522	0.4483	0.4443	0.4404	0.4364	0.4325	0.4286	0.4247
0.2	0.4207	0.4168	0.4129	0.4090	0.4052	0.4013	0.3974	0.3936	0.3897	0.3859
0.3	0.3821	0.3783	0.3745	0.3707	0.3669	0.3632	0.3594	0.3557	0.3520	0.3483
0.4	0.3446	0.3409	0.3372	0.3336	0.3300	0.3264	0.3228	0.3192	0.3156	0.3121
0.5	0.3085	0.3050	0.3015	0.2981	0.2946	0.2912	0.2877	0.2843	0.2810	0.2776
0.6	0.2743	0.2709	0.2676	0.2643	0.2611	0.2578	0.2546	0.2514	0.2483	0.2451
0.7	0.2420	0.2389	0.2358	0.2327	0.2296	0.2266	0.2236	0.2206	0.2177	0.2148
0.8	0.2119	0.2090	0.2061	0.2033	0.2005	0.1977	0.1949	0.1922	0.1894	0.1867
0.9	0.1841	0.1814	0.1788	0.1762	0.1736	0.1711	0.1685	0.1660	0.1635	0.1611
1.0	0.1587	0.1562	0.1539	0.1515	0.1492	0.1469	0.1446	0.1423	0.1401	0.1379
1.1	0.1357	0.1335	0.1314	0.1292	0.1271	0.1251	0.1230	0.1210	0.1190	0.1170
1.2	0.1151	0.1131	0.1112	0.1093	0.1075	0.1056	0.1038	0.1020	0.1003	0.0985
1.3	0.0968	0.0951	0.0934	0.0918	0.0901	0.0885	0.0869	0.0853	0.0838	0.0823
1.4	0.0808	0.0793	0.0778	0.0764	0.0749	0.0735	0.0721	0.0708	0.0694	0.0681
1.5	0.0668	0.0655	0.0643	0.0630	0.0618	0.0606	0.0594	0.0582	0.0571	0.0559
1.6	0.0548	0.0537	0.0526	0.0516	0.0505	0.0495	0.0485	0.0475	0.0465	0.0455
1.7	0.0446	0.0436	0.0427	0.0418	0.0409	0.0401	0.0392	0.0384	0.0375	0.0367
1.8	0.0359	0.0351	0.0344	0.0336	0.0329	0.0322	0.0314	0.0307	0.0301	0.0294
1.9	0.0287	0.0281	0.0274	0.0268	0.0262	0.0256	0.0250	0.0244	0.0239	0.0233
2.0	0.0228	0.0222	0.0217	0.0212	0.0207	0.0202	0.0197	0.0192	0.0188	0.0183
2.1	0.0179	0.0174	0.0170	0.0166	0.0162	0.0158	0.0154	0.0150	0.0146	0.0143
2.2	0.0139	0.0136	0.0132	0.0129	0.0125	0.0122	0.0119	0.0116	0.0113	0.0110
2.3	0.0107	0.0104	0.0102	0.0099	0.0096	0.0094	0.0091	0.0089	0.0087	0.0084
2.4	0.0082	0.0080	0.0078	0.0075	0.0073	0.0071	0.0069	0.0068	0.0066	0.0064
2.5	0.0062	0.0060	0.0059	0.0057	0.0055	0.0054	0.0052	0.0051	0.0049	0.0048
2.6	0.0047	0.0045	0.0044	0.0043	0.0041	0.0040	0.0039	0.0038	0.0037	0.0036
2.7	0.0035	0.0034	0.0033	0.0032	0.0031	0.0030	0.0029	0.0028	0.0027	0.0026
2.8	0.0026	0.0025	0.0024	0.0023	0.0023	0.0022	0.0021	0.0021	0.0020	0.0019
2.9	0.0019	0.0018	0.0018	0.0017	0.0016	0.0016	0.0015	0.0015	0.0014	0.0014
3.0	0.0013	0.0013	0.0013	0.0012	0.0012	0.0011	0.0011	0.0011	0.0010	0.0010
3.1	0.0010	0.0009	0.0009	0.0009	0.0008	0.0008	0.0008	0.0008	0.0007	0.0007
3.2	0.0007	0.0007	0.0006	0.0006	0.0006	0.0006	0.0006	0.0005	0.0005	0.0005
3.3	0.0005	0.0005	0.0005	0.0004	0.0004	0.0004	0.0004	0.0004	0.0004	0.0003
3.4	0.0003	0.0003	0.0003	0.0003	0.0003	0.0003	0.0003	0.0003	0.0003	0.0002
3.5	0.0002	0.0002	0.0002	0.0002	0.0002	0.0002	0.0002	0.0002	0.0002	0.0002
3.6	0.0002	0.0002	0.0001	0.0001	0.0001	0.0001	0.0001	0.0001	0.0001	0.0001
3.7	0.0001	0.0001	0.0001	0.0001	0.0001	0.0001	0.0001	0.0001	0.0001	0.0001
3.8	0.0001	0.0001	0.0001	0.0001	0.0001	0.0001	0.0001	0.0001	0.0001	0.0001
3.9	0.0000	0.0000	0.0000	0.0000	0.0000	0.0000	0.0000	0.0000	0.0000	0.0000

$u = 0.00 \sim 3.99$ に対する，正規分布の上側確率 $Q(u)$ を与える。

例：$u = 1.96$ に対しては，左の見出し 1.9 と上の見出し .06 との交差点で，$Q(u) = 0.0250$ と読む。表にない u に対しては必要に応じて補間すること。

索　引

■ 日本統計学会　The Japan Statistical Society

〔改訂版監修〕

田栗正章　千葉大学　名誉教授

〔改訂版執筆〕

田栗正章　千葉大学　名誉教授
美添泰人　青山学院大学　名誉教授
矢島美寛　東京大学　名誉教授
中西寛子　成蹊大学　名誉教授
保科架風　青山学院大学　経営学部准教授

〔改訂版責任編集〕

川崎　茂　日本大学　特任教授
山下智志　統計数理研究所　教授
矢島美寛　東京大学　名誉教授

〔初版執筆〕

藤井良宜　宮崎大学　教育文化学部教授
竹内光悦　実践女子大学　人間社会学部准教授
後藤智弘　財団法人統計研究会　研究員

（肩書は初版執筆当時のものです）

〔初版責任編集〕

竹村彰通　東京大学　情報理工学系研究科教授
岩崎　学　成蹊大学　理工学部教授
美添泰人　青山学院大学　経済学部教授

（肩書は初版執筆当時のものです）

日本統計学会ホームページ　https://www.jss.gr.jp/
統計検定ホームページ　https://www.toukei-kentei.jp/

装丁（カバー・表紙）　高橋　敦 (LONGSCALE)

かいていばん　　に ほんとうけいがっかいこうしきにんてい　　とうけいけんていさんきゅうたいおう
改訂版　日本統計学会公式認定　統計検定 3 級 対応

ぶんせき
データの分析　　　　　　　　　　　　　　Printed in Japan
　　　　　　　　　　　　　　　　　　ⒸThe Japan Statistical Society　2012, 2020

2012 年 7 月 25 日　初　版 第 1 刷発行
2020 年 2 月 25 日　改訂版 第 1 刷発行
2024 年 10 月 10 日　改訂版 第 13 刷発行

編　集　日 本 統 計 学 会
発行所　東京図書株式会社
〒102 - 0072 東京都千代田区飯田橋 3 - 11 - 19
振替 00140 - 4 - 13803 電話 03(3288)9461
http://www.tokyo-tosho.co.jp

ISBN 978 - 4 - 489 - 02332 - 3

本書の印税はすべて一般財団法人 統計質保証推進協会を通じて統計教育に
役立てられます。